Gerhard Pretting | Werner Boote

Plastic Planet
Die dunkle Seite der Kunststoffe

orange●press

Gerhard Pretting | Werner Boote: PLASTIC PLANET – Die dunkle Seite der Kunststoffe

Freiburg: orange-press 2014

© Copyright für die deutsche Ausgabe 2010, 2014 bei orange●press
Alle Rechte vorbehalten.

Gestaltung: Katharina Gabelmeier
Lektorat: Undine Löhfelm
Wissenschaftslektorat: Kurt Scheidl, www.scheidl-umwelt.com
Korrektorat: Anne Wilcken
Gesamtherstellung: Pozkal

Der Film PLASTIC PLANET von Werner Boote ist eine Koproduktion von
Neue Sentimental Film (www.nsf.at), Brandstorm Entertainment und CINE Cartoon

Downloadcode: SM17ELY82QR6

Die im Text angegebenen URLs verweisen auf Websites im Internet.
Der Verlag ist nicht verantwortlich für die dort verfügbaren Inhalte,
auch nicht für die Richtigkeit, Vollständigkeit oder Aktualität der Informationen.

ISBN: 978-3-936086-74-4
www.orange-press.com

Inhalt

Vorwort 7

Träume

Plastik kommt in die Welt 13
Plastik erleichtert den Alltag 23
Plastik verschönt den Körper 32
Plastik lässt sich in der Wohnung nieder 44
Plastik ist Pop 55

Albträume

Plastik ersetzt Plankton 63
Plastik wird vergraben 74
Plastik brennt 123
Plastik bedrängt die Tierwelt 131
Plastik vergiftet den Menschen 139

Aufwachen

Die Industrie ändert sich 173
Das Material ändert sich 180
Das Denken ändert sich 186
Der Mensch ändert sich 193

Über die Entstehung des Films *Plastic Planet* 203

Glossar 213

Verwendete Literatur | Bildnachweis 222

Vorwort

Als 2010 der Dokumentarfilm *Plastic Planet* in die Kinos kam, hat er vielen Menschen die Augen darüber geöffnet, welche erschreckenden Folgen der globale Plastikwahn hat – für die Umwelt und unsere eigene Gesundheit. Denn riesige Mengen an Kunststoffabfällen gelangen jährlich in die Umwelt und gefährden die Tiere und Pflanzen vor allem in den Weltmeeren. Plastiktüten, Verpackungen und Einwegprodukte werden meist über die Flüsse in die Meere und schließlich an die Küsten gespült. Und auch schon während der Nutzung kann Plastik zum Problem werden. So sind einige der beigemischten Chemikalien gesundheitsschädlich. Besonders bedenklich sind dabei Plastikzusätze, die wie Hormone wirken, etwa Bisphenol A und Phthalat-Weichmacher.

Das Problem ist heute so akut wie vor vier Jahren: Der Müllberg in den Meeren wächst. Plastiktüten an Stränden, in Kunststoffseilen strangulierte Meeressäuger und Vögel, die mit Mägen voller Plastik elendig zugrunde gehen, gehören inzwischen zum traurigen und bekannten Bild an den weltweiten Küsten. Auch die Meere vor unserer Haustür, Nord- und Ostsee, sind stark von der Müllverschmutzung betroffen. In der Nordsee sind inzwischen pro hundert Meter Küste mehr als 700 Müllteile zu finden. Und eine weitere, unsichtbare Verschmutzung belastet zunehmend die Meeresumwelt: Seit einigen Jahren beobachten Forscher, dass im Wasser weltweit immer mehr winzig kleine Plastikpartikel schwimmen. Bei diesem »Mikroplastik« handelt es sich häufig um Plastikabfall, der sich im Laufe der Zeit in kleinere Bestandteile zersetzt hat. Auch aus Kunststofftextilien lösen sich beim Waschen kleinste Fasern, die von Waschmaschinenfiltern nicht zurückgehalten werden. Wasseranalysen haben gezeigt, dass die Plastikteile zum Teil perfekte Kügelchen sind. Wahrscheinlich stammen diese aus Kosmetik- und Körperpflegeprodukten. Vor allem in Peelings wird Mikroplastik eingesetzt, aber auch in Duschgels und Zahnpasta. Die Kügelchen, die meist aus Polyethylen bestehen, sind so klein, dass sie Kläranlagen ungehindert passieren können. Einmal im Meer angelangt, werden sie von den darin lebenden Tieren aufgenommen, die sie nicht von ihrer natürlichen Nahrung unterscheiden können, und gelangen in die Nahrungskette. Im Niedersächsischen Wattenmeer konnten Forscher im Kot von Seehunden und Kegelrobben Mikroplastik nachweisen. Ganze Populationen sind hiervon betroffen: So fanden Wissenschaftler Mikroplastik in über 80 Prozent aller norwegischen Hummer, die sie vor Schottland untersuchten. Besonders beunruhigend ist zudem, dass kleinste Plastikpartikel sogar in das Gewebe von Tieren aufgenommen werden und dort zu Entzündungen führen können, wie jüngst an Miesmuscheln nachgewiesen wurde. »Wir können davon ausgehen, dass das Mikroplastik überall in der Atmosphäre zu finden ist«, so Gerd Liebezeit vom Institut für Chemie und Biologie des Meeres der Carl-von-Ossietzky-Universität Oldenburg. Einem auf seinen Untersuchungen fußenden Bericht des NDR zufolge gelangt es über die Luft auch in Lebensmittel. Liebezeit fand demnach in 19 untersuchten Honigen Fasern und Plastikfragmente, und auch in Regenwasser sei Plastikmaterial entdeckt worden, wie es in Kosmetika verwendet wird.

Grund genug für uns Verbraucher, noch einmal genauer hinzuschauen, ob wir mit unseren Körperpflegeprodukten und Kleidungsstücken ungewollt ebenfalls zur Verschmutzung der Meere beitragen. Und für Umweltverbände wie den Bund für Umwelt und Naturschutz Deutschland (BUND) e.V. und seine europäischen Mitstreiter, sich mit einem »Meer ohne Müll«-Manifest dafür einzusetzen, dass das Problem der Meeresverschmutzung durch Plastikmüll innerhalb einer Generation (bis 2035) durch die EU-Kommission gelöst wird. Dazu müssten sowohl Landratten als auch Seebären in die Pflicht genommen werden. Zum einen gilt es, die Plastikabfallmenge an Land zu reduzieren, zum Beispiel über strengere gesetzliche Vorgaben für Recycling, verpflichtende Abgaben auf Wegwerfprodukte wie Plastiktüten und ein Verbot von Mikroplastik in Kosmetika. Zum anderen muss es für alle Schiffe verpflichtend sein, im Hafen über entsprechende Einrichtungen ihren Müll zu entsorgen. Bei illegaler Abfallentsorgung sind eine effektivere Strafverfolgung und höhere Strafen nötig.

Und es muss aufgeräumt werden. Denn Plastik kann im Meer mehrere hundert Jahre überdauern und somit noch für Generationen von Meerestieren zur tödlichen Falle werden.

Plastic Planet hat vielen Menschen klar gemacht, dass Plastikzusatzstoffe für Gesundheit und Umwelt unerwünschte Nebenwirkungen haben können. Vor allem die Gruppe der hormonellen Schadstoffe gerät zunehmend in das Visier von Verbraucherschützen, Wissenschaftlern und Regulierungsbehörden. Mit ihnen wird eine ganze Reihe von Krankheiten in Verbindung gebracht, die in den letzten Jahrzehnten deutlich zugenommen haben. Dazu gehören hormonbedingte Krebsarten wie Brust-, Hoden-, oder Prostatakrebs; reduzierte Fruchtbarkeit, Lern- und Gedächtnisschwierigkeiten, Fettleibigkeit, Altersdiabetes, Herzkreislauferkrankungen und verfrühte Pubertät. Die Weltgesundheitsorganisation hat hormonell wirksame Stoffe im Februar 2013 deshalb als »globale Bedrohung« bezeichnet. Das Europäische Parlament hat sich im März 2013 dafür ausgesprochen, die Belastung der Bevölkerung zu reduzieren, indem diese Chemikalien besser reguliert werden. Und im Mai 2013 forderten 89 international führende Wissenschaftler auf dem Gebiet der öffentlichen Gesundheit in der sogenannten Berlaymont Deklaration einen besseren Schutz der Menschen vor hormonellen Schadstoffen. Denn nach wie vor wird der Einsatz von hormonell wirksamen Chemikalien nicht systematisch reguliert.

Es tut sich jedoch etwas auf EU-Ebene: So arbeitet die Europäische Kommission aktuell an Kriterien zur Identifizierung dieser Stoffe; in der Folge sollen alle großen Gesetzgebungen überarbeitet werden. Es ist zu hoffen, dass so in den nächsten Jahren auch Plastikzusatzstoffe wie Bisphenol A, Phthalat-Weichmacher und Flammschutzmittel aus allen verbrauchernahen Produkten verschwinden werden.

Einen ersten Erfolg gibt es bereits: 2011 musste sich die Europäische Kommission dem wachsenden Druck der Öffentlichkeit beugen und verbot Bisphenol A europaweit in Babyfläschchen. Und auch die europäische Chemikalienverordnung REACH, ein Meilenstein für den Schutz von Mensch und Umwelt vor gesundheitsschädlichen Chemikalien, bietet Chancen, gefährliche Stoffe aus Alltagsprodukten zu verbannen. Dank REACH dürfen vier besonders schädliche Phthalat-Weichmacher ab 2015 nur noch in Ausnahmefällen eingesetzt werden. Die Chemikalienverordnung, mittlerweile seit sechs Jahren in Kraft, hat die Beweislast umgekehrt: Die Industrie ist erstmals dazu verpflichtet, Daten über die Umwelt- und Gesundheitsfolgen von etwa 30.000 Chemikalien vorzulegen, die in einer Menge von mehr als einer Tonne pro Jahr produziert oder importiert werden. Bis dato mussten schädliche Wirkungen erst vom Gesetzgeber nachgewiesen werden, bevor eine Chemikalie verboten werden konnte. Jetzt gilt das Prinzip: Keine Daten, kein Markt.

So weit, so gut? Leider nicht ganz, denn die Umsetzung von REACH verläuft zu langsam. Aktuell sind 151 Stoffe als besonders besorgniserregend identifiziert und befinden sich auf der Kandidatenliste für Zulassungsbeschränkungen. Es stehen jedoch schätzungsweise 1.500 Chemikalien unter Verdacht, besonders gefährliche Eigenschaften zu besitzen, zum Beispiel Krebs zu erregen, die Fortpflanzungsfähigkeit zu schädigen oder sich in der Umwelt anzureichern. Es gibt also noch einiges zu tun.

Vor den 151 Stoffen auf der Kandidatenliste für Zulassungsbeschränkungen können sich Verbraucher jetzt schon schützen, indem sie je Produkt eine Anfrage nach dem REACH-Auskunftsrecht stellen. Hersteller wie Händler sind dann dazu verpflichtet, Auskunft darüber zu geben, ob sich darin einer dieser besonders gefährlichen Stoffe befindet. Das gibt uns in gewissem Maß Sicherheit – und wir signalisieren damit den Firmen, dass wir keine gesundheitsschädlichen Stoffe in unseren Haushalten wollen. Um die Nutzung des Verbraucherauskunftsrechts zu vereinfachen, stellt der BUND auf seiner Internetseite ein Anfragetool zur Verfügung, mit der sich die sogenannte »Giftfrage« ganz einfach stellen lässt. Tausende Menschen haben bereits damit nachgehakt – mit Erfolg: Ein großer Konzern beschwerte sich bei uns über eine »Anfrageflut«, eine andere Firma nahm einen weichmacherbelasteten Spielball vom Markt.

Gemeinsam sind wir stark und können selbst große Konzerne in die Knie zwingen. Das zeigt auch eine Petition gegen hormonell wirksame Konservierungsmittel in der Baby-Wundschutzcreme von Penaten:

Innerhalb kürzester Zeit unterschrieben 25.000 Menschen, und der Hersteller Johnson & Johnson hat im August 2013 angekündigt, ab 2014 auf hormonelle Chemikalien in Körperpflegemitteln für Kinder zu verzichten.

Je besser wir verstehen, was mit uns und unserer Umwelt passiert, desto eher handeln wir. Das Buch *Plastic Planet* hilft dabei.

Hubert Weiger, Vorsitzender des Bunds für Umwelt und Naturschutz Deutschland (BUND) e.V., im Januar 2014

Plastik kommt in die Welt

Plastikeimer, Plastikbecher, Plastikfolie – »Plastik« nennen wir umgangssprachlich alles, was zu den sogenannten Kunststoffen zählt. Und dass wir von Kunststoffen umgeben sind, ist uns so selbstverständlich, dass wir uns sogar die Handelsnamen der zahlreichen verschiedenen Kunststoffarten eingeprägt haben. Unter Plexiglas, Nylon und Styropor kann sich jeder etwas vorstellen. Manchmal ist Plastik auffällig und scheint das einzig mögliche Material für einen Gegenstand zu sein, manchmal ist es praktisch unsichtbar.

Wenn wir zum Beispiel ein Buch kaufen, würden wir vermuten, dass wir einen Gegenstand aus Papier, Pappe, Leim und Druckerschwärze erwerben. Dabei wird bei den meisten der heute hergestellten Bücher Kunststoff verwendet – auch bei dieser Ausgabe von *Plastic Planet*. Der Kleber, mit dem die Seiten am Rücken in den Umschlag geklebt sind, besteht aus Wasser und kleinen Kunststoffpartikeln. Der Umschlag fühlt sich anders an als der von manchen anderen Büchern, die Papieroberfläche nicht so geschlossen. Das liegt daran, dass der verwendete Karton nicht laminiert ist – also bewusst auf die dünne, matte oder glänzende Schutzhaut verzichtet wurde, die aus dem Umschlag ein Verbundmaterial machen würde. Und schließlich erinnern wir uns daran, dass *Plastic Planet* nicht in die Plastikfolie eingeschweißt war, in die (außer Taschenbüchern) fast alle Titel im deutschen Sprachraum verpackt werden.

Kunststoff umgibt uns überall. Als Fußbodenbelag, der wie Holz gemasert ist, als Duschvorhang, als Schuhsohle – wo er neuerdings nicht mehr als »Synthetik« ausgewiesen wird, sondern als »man made material«: vom Menschen gemachtes Material. Die Bezeichnung verschleiert die wahre Identität ein wenig und führt zugleich zurück in die Zeit, in der es – heute kaum vorstellbar – Plastik noch nicht gab. Als das neue Material 1907 das Licht der Welt erblickt, kann der Entdecker sein Glück kaum fassen. Wie lange ist er dem Stoff hinterher gejagt, wie viele Enttäuschungen hat er erleben müssen. Wie oft war er drauf und dran, alles hinzuschmeißen. Aber nun, nach vier Jahren intensiver Forschung, hält er es endlich in Händen: das nach ihm, Leo

Baekeland, benannte »Bakelit«. Mit einem Schlag sind alle Rückschläge und Enttäuschungen vergessen, denn der Werkstoff wird den in ihn gesetzten Erwartungen mehr als gerecht. Er ist beständiger als Holz, leichter als Eisen und haltbarer als Gummi – und was am wichtigsten ist: Er leitet keine Elektrizität. Seit Werner Siemens 1866 den ersten Dynamo konstruiert hat, ist das ein Schwachpunkt in jeder Fabrik. Die Maschinen laufen auf Hochtouren, doch die Gefahren der Elektrizität werden mit erschreckender Sorglosigkeit ignoriert. Oft ist bloß blanker Draht auf die hölzernen Dielen genagelt. Da genügen dann schon ein undichtes Dach oder nasse Schuhe, und die gesamte Produktion steht still.

Wie so viele Chemiker vor ihm ist auch Baekeland zunächst überzeugt gewesen, die neue Substanz aus Phenol und Formaldehyd herstellen zu können. Diese beiden Ausgangsstoffe, die aus Kohle (Phenol) und Holz (Aldehyd) gewonnen werden, scheinen in unbegrenzter Menge vorhanden und sind deshalb billig zu beziehen. An diesem Lösungsansatz jedoch sind vor Baekeland alle Forscher mehr oder weniger spektakulär gescheitert.

Der Erste in der Reihe ist der deutsche Chemiker Adolf von Baeyer. Zwar gelingt es ihm 1872, Phenol und Formaldehyd zu einem künstlichen Harz zusammenzufügen, aber das Zeug klebt fürchterlich. Enttäuscht wendet sich von Baeyer wieder seinen künstlichen Farben zu, mit mehr Erfolg: Unter anderem für ihre Erforschung erhält er 1905 den Nobelpreis für Chemie. Der Nächste, der am erhofften Wunderstoff verzweifeln wird, ist Werner Kleeberg. Er setzt dem Gemisch erstmals Salzsäure zu und erzielt damit eine zähe, rosarote Masse, die allerdings noch nicht zu gebrauchen ist.

1900 sieht es einmal aus, als hätte es einer geschafft: Dem 1873 geborenen Carl Heinrich Meyer gelingt es, in der Chemischen Fabrik Louis Blumer in Zwickau ein harzartiges, in Wasser lösliches Produkt herzustellen. Der neue Stoff soll zumindest den Schellack ersetzen können, ein natürliches Harz aus Ostasien, das Ende des neunzehnten Jahrhunderts heiß begehrt ist. Knöpfe werden daraus hergestellt, spezielle Lacke und Möbelpolituren. Die berühmten Schellackplatten kommen etwas später. Problematisch bei dem Naturharz ist jedoch sein regelrecht explodierender Preis. Die Herstellung von Schellack ist nämlich äußert aufwendig: Um ein einziges Kilogramm zu produzieren, braucht es nicht weniger als 300.000 winziger Schildläuse der Sorte *Kerria lacca*. Diese leben vor allem in Süd- und Südostasien auf Bäumen wie der Pappelfeige und ernähren sich vom Saft der Pflanze, den sie dann als harzartige Substanz ausscheiden. Die davon umkrusteten Zweige werden abgeschnitten und gesammelt, das Harz vom Holz getrennt. Nachdem der Rohstoff in einem nächsten Schritt gemahlen, gewaschen und in der Sonne getrocknet wird, muss der rohe oder durch Auswaschen mit Wasser vom Farbstoff befreite Gummilack in Säcken auf etwa 140 Grad Celsius erhitzt werden. Das Harz, das sich dabei wieder verflüssigt, fließt ab und wird auf Bananenblättern oder in Tonröhren aufgefangen.

Allein die USA verbrauchen damals schon mehrere Millionen Kilogramm Schellack pro Jahr, und ein künstliches Ersatzmaterial wäre eine Goldgrube. Groß ist darum die Freude in der sächsischen Chemiefabrik, als in Folge von Meyers Experimenten am 18. April 1902 ein »Verfahren zur Herstellung eines dem Schellack ähnlichen Kondensationsproduktes aus Phenol und Formaldehyd« patentiert werden kann. Laccain wird der neue Stoff genannt, und das ostdeutsche Unternehmen bewirbt seine «hervorragende Erfindung» sogleich in Zeitungsannoncen. Als »Schellack-Ersatz, patentiert in Deutschland und allen Industriestaaten«, wird das neue Material gefeiert; als Substanz, die sich unter anderem in der Möbeltischlerei »bahnbrechend« auswirken werde.

Leider hat aber Laccain mehr Nach- als Vorteile. Sein strenger Carbolgeruch kommt nicht gut an, und es dunkelt schnell nach. Als wäre das noch nicht genug, um der zunächst begeisterten Kundschaft die Freude zu verderben, verträgt sich das liquide Harz aus dem Hause Blumer nicht mit Salmiakreinigern. Sieben Jahre nach seiner Erfindung ist Laccain so gut wie vergessen, eine Fußnote in der Geschichte des ewigen Auf und Ab zwischen großer Erkenntnis und großem Scheitern. In den Geschäften verstauben die letzten Dosen dieses wichtigen Vorläufers von Plastik und werden schließlich ausgemustert – wie auch der Name Carl Heinrich Meyer aus der Fachliteratur.[1]

Ende 1898 startet die *Berliner Illustrierte Zeitung* eine Leserumfrage: Welchen Beinamen soll das »sterbende Säculum« bekommen? An erster Stelle der Antworten rangiert mit Abstand »Jahrhundert der Erfindungen«. Eine kluge Wahl, denn die Welt hat sich in den letzten hundert Jahren tatsächlich so nachhaltig verändert wie niemals zuvor. 1807 ist das erste Dampfschiff in Betrieb genommen worden; 1814 die erste länger funktionierende Dampflokomotive. Den Elektromotor gibt es seit 1821, 1837 folgt der Fernschreiber, 1839 die Fotografie, 1861 das Telefon, dann die Glühbirne, die Elektrolokomotive, das Motorrad, das Kino. So viel hat der menschliche Geist erreicht. Dass er ausgerechnet an dieser Phenol-Formaldehyd-Reaktion scheitern soll, kann einfach nicht sein. Und wahrscheinlich ist es kein Zufall, dass ein Mann die Chemie in die Moderne führt, der Zeit seines Lebens von den technischen Hervorbringungen eben jener Moderne fasziniert ist.

Leo Hendricus Arthur Baekeland wird am 14. November 1863 im belgischen Gent in dieses aufregende Zeitalter hineingeboren. Die Welt verändert sich rasant, auch auf der Ebene der Bilder. Was noch vor einigen Jahren nur aus Erzählungen oder Zeichnungen bekannt war – fremde Länder, fremde Menschen, fremde Tiere –, ist auf einmal wahrhaftig zu sehen. Die Fotografen sind die Herolde einer neuen Epoche. Ausgestattet mit schweren Kameras und imposanten Stativen gelingt es ihnen, das Hier und Jetzt zu bannen, die Geschichte für einen kurzen Augenblick stillstehen und die imaginierten Bilder real werden zu lassen.

Als Baekeland 14 Jahre alt ist, beschließt er, Fotograf zu werden. Aber bevor er sich um die künstlerischen Aspekte des Metiers kümmern kann, muss Baekeland erst einmal die zur Herstellung von Fotoplatten benötigten Chemikalien organisieren. Das größte Problem stellen dabei die lichtempfindlichen Silbersalze dar, die für einen Schüler unerschwinglich sind. Baekeland ist kein Typ, der sich von Schwierigkeiten aufhalten lässt, und so löst er kurzerhand das Gehäuse seiner silbernen Taschenuhr in Salzsäure auf – das begehrte Silbersalz ist gewonnen. Damit sind nicht nur die technischen Voraussetzungen geschaffen für seine fotografische Karriere, er hat auch den ersten Beweis angetreten für seine Entschlossenheit und den Erfindergeist, mit dem er Probleme angeht. Mit 17 Jahren besucht Baekeland die Universität, mit 21 erhält er seinen Doktortitel mit *summa cum laude*, mit 26 wird er Professor an seiner Heimatuniversität in Gent. Im selben Jahr noch heiratet er, und ein Reisestipendium bringt ihn 1889 an die Columbia University in New York. Die überragende Begabung des Professors aus Belgien wird in den Staaten schnell erkannt, er wird eingeladen, in den USA zu bleiben. An der Universität aber hält es Baekeland nicht lange aus. Bald schon wechselt er in die chemische Industrie.

Zwei Jahre lang funktioniert der Forscher als Angestellter; dann macht er sich selbstständig. Er will sich seinen eigenen Projekten widmen, wobei ihm bald eines seiner Experimente folgenschwer misslingt. Über Wochen ist er ans Bett gefesselt, an Arbeit ist nicht zu denken. Die Einnahmen versiegen, die Ausgaben laufen weiter, der Schuldenberg wächst beängstigend. Als Baekeland wieder einsatzfähig ist, fasst er einen Plan, der sowohl auf die Erfahrungen aus seiner Jugend zurückgeht als auch unternehmerischen Weitblick offenbart: Er will seine Kräfte ganz auf ein einziges Projekt konzentrieren, auf die Herstellung eines neuartigen Fotopapiers.

Kodak-Gründer George Eastman hat gerade die ersten industriell gefertigten Kameras auf den Markt gebracht. »You press the button, we do the rest«, lautet der Werbeslogan (»Einfach nur auf den Knopf drücken, um den Rest kümmern wir uns schon«). Und Kodak verspricht nicht zu viel. Aus den schwer zu bedienenden Ungetümen sind kurz vor der Jahrhundertwende Geräte geworden, mit denen auch ein Amateur umgehen kann. Fotografieren wird zur populären Freizeitbeschäftigung. Nur ein kleines Problem gibt es: Abzüge können nur gefertigt werden, indem das Fotopapier dem Sonnenlicht ausgesetzt wird. Wenn die Sonne nicht scheint, dann gibt es eben keine Fotos.

Erst Baekelands Erfindung – das Schnellpapier »Velox« – macht die Fotografen in einem wichtigen Punkt unabhängig von den Launen der Natur. Erstmals können Bilder im Labor entwickelt werden, und zusätzlich ist das neue Papier auch noch preisgünstiger als das bis dahin verwendete Material. So setzt sich Baekelands Erfindung durch – nach kleinen Anlaufschwierigkeiten: Vor allem gestandene Fotografen halten es nicht unbedingt für nötig, sich mit etwas wie einer Gebrauchsanweisung zu befassen, und erzielen zu Beginn alles andere als die gewünschten Ergebnisse. Aufgrund der Verwendung von Velox durch die wachsende Menge der Hobbyknipser wird das Papier jedoch so erfolgreich, dass George Eastman 1899 beschließt, den Konkurrenten vom Markt zu kaufen. Baekelands Unternehmen geht für die zu der Zeit astronomische Summe von einer Million Dollar in den Besitz von Kodak über.

Mit seinen 35 Jahren könnte sich Baekeland zur Ruhe setzen und Rosen züchten. Für die Fotochemie jedenfalls darf er die nächsten zwanzig Jahre nichts mehr tun, das untersagt ihm der Vertrag mit Eastman. Eine Weile widmet er sich tatsächlich der Zucht von Weinreben (was ihm gut zwanzig Jahre später, bei Inkrafttreten der Prohibition, winzerische Selbstversorgung ermöglicht), aber lange kann er das Leben als Privatier nicht genießen.

Der Forscher in ihm meldet sich schon bald zurück, und 1901 richtet er sich in seinem Haus in Yonkers, New York, ein hochmodernes Labor ein. Die neuesten Geräte stehen ihm zur Verfügung, eine ausgesuchte Mannschaft unterstützt ihn – Baekeland unterschätzt keineswegs die Aufgabe, die er sich gestellt hat. Er will erreichen, woran alle seiner Kollegen vor ihm gescheitert sind: Es gilt, das Geheimnis der Phenol-Formaldehyd-Reaktion zu lüften. Zunächst wiederholt er akribisch die Verfahren seiner Vorgänger, um herauszufinden, warum ihre Ansätze in die Irre führten. Am besten hat es noch Kleeberg angestellt, so Baekelands Schlussfolgerung. Also lässt er sich alle möglichen Lösungsmittel nach Yonkers bringen. Eines nach dem anderen wird mit Phenol und Formaldehyd in Berührung gebracht und das Ergebnis penibel notiert. Die Arbeit an der neuen Erfindung erfordert ansehnliches Durchhaltvermögen, ganz dem Klischee entsprechend: Bestialische Gerüche aus dem Labor des besessenen Wissenschaftlers verpesten die ganze Gegend, die Nachbarn beginnen zu rebellieren. Immer wenn Baekeland sich einer Lösung nahe glaubt, stellt diese sich nur wieder als Fehlschlag heraus.[2]

Irgendwann ändert der Forscher seine Stoßrichtung und setzt sich ein neues Ziel. Er will nicht mehr den natürlichen Schellack künstlich imitieren, sondern eine gänzlich neue Substanz finden. Ein Material, das nicht schmilzt und den Angriffen von Lösungsmitteln und Ölen standhält – ein Stoff, der von Anfang bis zum Ende kontrollierbar ist, ein Wunderding, das die Bindungen zur Natur ein für alle Mal hinter sich lässt. Denn ob es sich um »Parkesin« von Alexander Parkes, um »Celluloid« von John W. Hyatt oder die Kunstseide des Grafen Chardonnet de Grange handelt: All diese Materialien nennen sich zwar »Kunststoffe«, werden aber überwiegend aus der Zellulose des Baumwollstrauches gewonnen und sind deswegen nichts anderes als modifizierte Naturprodukte. Baekeland dagegen will etwas ganz Neues. Er möchte die Substanz von ihrer natürlichen Begrenztheit befreien, sie ganz und gar der menschlichen Gestaltungskraft überantworten.

Nach und nach wird dem Erfinder klar, was die anderen vor ihm falsch gemacht haben. Nicht Säuren, die das Harz löslich und schmelzbar machen, müssen zugesetzt werden, sondern Laugen. Sie lassen das Material aushärten und begrenzen das Austreten jener Gase, die die Vorgängerprodukte durchlöchert haben. Den zweiten Fehler haben die anderen Chemiker bei der Art der Verarbeitung gemacht. Sie alle haben bei zu geringer Temperatur gearbeitet, das Material auf nicht mehr als 75 Grad Celsius zu erwärmen gewagt, da bei größerer Hitze die Reaktion außer Kontrolle zu geraten drohte. Mut zum Risiko gehört jedoch dazu, und Baekeland gelingt der Durchbruch, als er mit Überdruck zu experimentieren beginnt.[3]

Im Juni 1907, nach vier Jahren intensiver Laborarbeit, erhitzt Baekeland den Druckbehälter auf fast 200 Grad Celsius. Daraufhin verwandelt sich die harzig-zähe Flüssigkeit der ersten Reaktionsstufe in einen harten Kunststoff, der die Nieten und Rillen des Druckbehälters naturgetreu abbildet. Egal, welches Lösungsmittel Baekeland auf seine Erfindung träufelt, sie wird nicht davon angegriffen, und auch große Hitze kann dem Stoff nichts anhaben. Erst bei 300 Grad Celsius beginnt das »Bakelit« – so wird er den Kunststoff nennen, das steht für den Unternehmer schon lange fest – zu verkohlen. Auch die nächste Stufe im Belastungstest besteht das Material: Ein Bakelitstab von lediglich 25 Millimeter Durchmesser, an welchem ein Automobil mit sieben Insassen aufgehängt wird, geht ebenso unbeschadet aus dem Experiment hervor wie die Passagiere.

Fast alles kann der neue Wunderstoff also – nur eines sollte man besser unterlassen: punktuelle Gewalteinwirkung. Ein Hammerschlag reicht aus, um Bakelit in tausend Teile zersplittern zu lassen.[4] Ein paar Wochen zieht sich Baekeland in sein Labor zurück und probiert alle möglichen Materialen aus, die dem Stoff noch den nötigen Zusammenhalt verleihen sollen. Schlussendlich ist es fein vermahlenes Fichtenholz, welches Bakelit stabilisiert und gesellschaftsfähig macht.

Die Elektroingenieure sind die Ersten, die das Potenzial von Bakelit erkennen. »Jemand erzählte mir von dem neuen Material und seinen Fähigkeiten«, wird der Juniorchef der Weston Electrical Instrument Company, New Jersey, zitiert. »Ich wollte es gar nicht glauben. Aber ich brauchte gerade ein solches Material ungeheuer schnell. [...] Offiziell konnte man noch kein Bakelit bekommen, aber unser Bedarf war so dringend, dass ich es unbedingt ausprobieren wollte. Es übertraf meine Erwartungen bei Weitem.«[5]

Dass seine Erfindung so enthusiastisch aufgenommen wird, hindert seinen smarten Erfinder nicht daran, zuallererst noch die wirklich dringlichen Arbeiten zu erledigen: Er lässt jeden einzelnen Schritt im Herstellungsprozess patentieren. Nur so gelingt es ihm, all die lästigen Konkurrenten, die von seiner entscheidenden Entwicklung profitieren wollen, ohne dafür zu zahlen, auf Abstand zu halten.

Als Baekeland seine Erfindung zwei Jahre später, 1909, in der angesehenen *Chemiker-Zeitung* vorstellt, ist die Resonanz gespalten. Den Wissenschaftlerkollegen fehlt offenbar die Fantasie, um die Bedeutung der epochalen Entwicklung zu erfassen.[6] Die Industrie hingegen im damals führenden Chemiestandort Deutschland erkennt die ungeheuren Möglichkeiten sofort. Die Rütgerswerke, ein Teerprodukte-hersteller, erwerben die Lizenz zur Herstellung von Bakelit, und 1910 läuft in Erkner bei Berlin bereits die Produktion der Bakelite GmbH an. Im Oktober des gleichen Jahres gründet Baekeland in den USA die General Bakelite Company, deren Präsident er bis 1939 bleiben wird.

Der Siegeszug des Kunststoffs beginnt schon bald nach seiner Erfindung. Er wird zu Gehäusen für elektrische Geräte und Telefone verarbeitet. Die gerade aufkommende Funktechnik setzt beim Bau der dafür notwendigen Geräte fast ausschließlich auf das neue Material, und selbst die vor Kurzem noch so gelobten Billardbälle aus Zelluloid werden von nun an aus dem Phenolharz gegossen. Die Bakelit-Fabrik ist so erfolgreich, dass in England ein Tochterunternehmen gegründet wird. Die Geschäfte laufen hervorragend – bis der Erste Weltkrieg ausbricht. Die englische Produktion, als Eigentum von Rütgers Eigentum des deutschen Feindes, wird umgehend geschlossen. Diese Logik erweist sich jedoch als größerer Schaden für Britannien selber als für den Gegner. Der vielfältige Einsatz von Bakelit seit seiner Einführung wenige Jahre zuvor macht es zum kriegswichtigen Material, welches die Briten nun in großen Mengen in den USA einkaufen müssen; diese wiederum sind für die Herstellung eben jenes Bakelits auf das aus Kohle erzeugte Phenol aus Großbritannien angewiesen, welches dort jedoch für Bomben benötigt wird. Hilfe in dieser Notstandsituation bringt – wie könnte es anders sein – Leo Hendrik Baekeland selbst. Mit seiner Hilfe gelingt es Wissenschaftlern im Auftrag der US-Regierung, einen Ersatzstoff für das Phenol zu finden.[7]

Die technischen Entwicklungen, denen wie so oft der militärische Einsatz besonderen Schub verliehen hat, sind auch nach dem Ersten Weltkrieg hervorragend zu gebrauchen. Das Radio, eine noch neue Erfindung, findet langsam Verbreitung. Während die ersten Geräte noch riesige, aus Holz gedrechselte Ungetüme sind, die ein kleines Vermögen kosten, macht der Einsatz von Bakelit die Geräte tauglich zum Massenmedium. Was gestern noch ein unerreichbarer Traum war, kann nun jeder besitzen – und dieses Versprechen demokratischen Konsums gehört zu Plastik bis zum heutigen Tag: Erleichterung des täglichen Lebens für die Masse, erschwingliche Güter für alle. Der neue Kunststoff verändert aber nicht nur die Produktionsbedingungen, er befreit auch das Design von gewissen Begrenzungen der bisher verwendeten Materialien. Die Radiogeräte nehmen verschiedene Formen an. Es muss keine spitzen Ecken und Kanten geben, die neue Substanz fließt in jeden Winkel der Gussform.

Während der mit der Massenproduktion einhergehende Verlust des Einzelstückes später oft beklagt werden wird, steht das Material in den 1920er-Jahren ungebrochen positiv für Fortschritt, sozusagen für preiswerten Luxus. Gerade noch 9,95 Dollar kostet ein kleiner Radioapparat in den USA zu Beginn der 1930er-Jahre, und binnen kurzer Zeit gibt es in den Staaten kaum mehr einen Haushalt, der kein solches Gerät besitzt. Das Gleiche gilt für die andere Seite des Atlantiks. Die professionelle Propagandamaschinerie des nationalsozialistischen Regimes könnte ohne die billigen Radios keine vergleichbare Wirkung entfalten. Der Volksempfänger steht bald in jeder Wohnung.

Baekelands entscheidende Leistung besteht darin, dass er die enorm langen Molekülketten, wie sie in der Natur vorkommen, als Erster rein synthetisch herstellt. Herman Mark, der 1895 in Wien geborene und bis zu seinem Tod 1992 in Amerika arbeitende Nestor der makromolekularen Chemie, fasst diesen Durchbruch so zusammen: »Es ist, als ob man einige Haarnadeln und einen Büchsenöffner nimmt, diese Dinge in ihre Bestandteile zerlegt und dann zu einem vollständigen und funktionstüchtigen Farbfernsehgerät wieder zusammensetzt.«[8] Und so ist es keine Überraschung, dass Baekeland auf der »Liste der zwanzig größten Denker und Wissenschaftler des 20. Jahrhunderts« des *Time Magazine* vom Jahr 1999 zu finden ist.

1 vgl. Heimlich 1988, S. 49ff
2 vgl. Thomas/Thomas 1954, S. 245
3 ebd., S. 246
4 vgl. Tschimmel 1989, S. 60
5 ebd., S. 60f
6 vgl. Heimlich 1988, S. 57
7 vgl. Tschimmel 1989, S. 66ff
8 ebd., S. 74

Plastik erleichtert den Alltag

Wir befinden uns im Jahr 1926, in der Ära des Charleston, des Jazz, des Kinos, des ausgelassenen Tanzens und Feierns. Was die Massen an einem trüben Novembertag vor dem Londoner Kaufhaus Harrods stundenlang anstehen lässt, ist jedoch kein Kinostar, kein Musiker und kein Künstler. Sie wollen etwas sehen, was im ersten Stock des Nobelgeschäftes ausgestellt wird: Teller, Tassen, Brotkästen, Schalen, Eierbecher, Kerzenständer – allesamt aus Plastik gefertigt, oder, genauer gesagt, aus Urea Formaldehyd. Man könnte auch Harnstoff-Formaldehyd sagen, was kein besonders appetitlicher Name ist für Gegenstände, die man sich im Zusammenhang mit Lebensmitteln vorstellt. Darum hat man den Produkten fantasievolle Namen wie »Bandalasta« oder »Linga-Longa« verpasst. Der Vorteil dieser neuen Haushaltsutensilien scheint auf der Hand zu liegen: Sie sind nicht nur billiger als herkömmliches Geschirr, sie sehen auch ganz anders aus. Das Design steht im Mittelpunkt der Aufmerksamkeit – der Fantasie sind keine Grenzen gesetzt. Bandalasta wirbt mit seiner Unzahl verschiedener durchscheinender Pastellfarben und mit dem geringen Gewicht. Das komplette »Morning Tea Set« wiegt gerade einmal die Hälfte eines vergleichbaren Sets aus Porzellan.[1]
Zwar will sich die Werbeabteilung nicht so weit aus dem Fenster lehnen, die Haushaltswaren als unzerstörbar zu preisen, aber es wird durchaus herausgestellt, dass die Produkte nicht so leicht brechen und einer härteren Behandlung als Glas oder Porzellan standhalten – bis heute ein Grund für viele Eltern, ihren Kindern Teller, Becher und Schüsseln aus Plastik zu kaufen.
Mit dem neuen Material gelingt es Kunststoff zum ersten Mal, in der Küche Fuß zu fassen. Zwar ist Bakelit schon an vereinzelte Stellen in den Wohnungen vorgedrungen, aber wo gegessen und getrunken wird, will man die ersten Kunststoffe nicht haben. Ihre chemische Herkunft ist allzu deutlich; nach und nach sondern sich Spuren des zur Herstellung notwendigen Phenols ab und machen sich als stechender Beigeschmack bemerkbar – vor allem, wenn das Bakelit erwärmt wird. Dazu kommt, dass Baekelands Erfindung sich nur in dunklen

Farbtönen herstellen lässt. Während das bei elektrischen Isolierungen oder Radios kaum ein Problem darstellt, soll in der Küche alles hell sein, leicht und hygienisch. Diese Anforderungen kann Kunststoff erst mit dem von Edmund Rossiter entwickelten Prozess zur Kondensation von Harnstoff und Formaldehyd erfüllen. Das Ergebnis, ein milchigweißer Sirup, lässt sich zu hellem Plastik weiterverarbeiten.

Mit der Einführung von Bandalasta und Linga-Longa setzt eine Abkehr von den traditionellen Materialien ein – die schließlich eine Reihe von Nachteilen aufweisen. Holz quillt auf, wenn es nass wird, und verändert recht schnell seine Farbe. Porzellan ist teuer und zerbrechlich, Stahl schwer und anfällig für Rost. Plastik hingegen kann sogar ausgekocht werden zur Reinigung, es ist leicht, unempfindlich, schön. Und wenn doch einmal etwas kaputt geht: Wen kümmert es? So billig ist das neue Material, dass der Verlust kaum schmerzt. Dann wird eben eine neue Tasse oder ein neuer Teller gekauft – oder gleich ein komplett neues Service, in einem neuen Design!

Eine entscheidende Rolle für den Erfolg von Bandalasta spielen die gesellschaftlichen Umbrüche nach dem Ersten Weltkrieg. Nach und nach verschwindet die Bediensteten-Klasse. Wo früher noch unzählige Köchinnen für das Essen sorgten, hantiert nun die Hausfrau selbst mit dem Geschirr. Aufgrund des Frauenüberschusses seit dem Krieg haben die Frauen außerdem immer mehr Berufsfelder erobert, in der Küche wollen und können sie wenig Zeit verbringen. In den USA machen in den 1920ern die »Flappers« Furore: ausgeflippte junge Mädchen, die all das tun, was Damen eigentlich nicht tun. Sie schneiden ihre Zöpfe ab und lassen sich einen praktischen, modernen, verruchten Bubikopf frisieren. Sie rauchen und schlagen sich die Nächte mit wilden Tänzen um die Ohren. Und sie küssen fremde Männer. Dass diese frivolen Dinger Mann und Kindern ein Nachtmahl zubereiten, ist wohl auszuschließen. Wenn man selbst schon kein Flapper ist, nicht raucht, weiterhin Zopf trägt und noch nie einen anderen Mann als den eigenen geküsst hat, wenn man eben doch jeden Tag für den Gemahl und die Kinder kochen muss, dann soll das wenigstens so einfach wie möglich gehen – mit Geschirr, das ein Stück der modernen, aufregenden Welt ins Haus bringt.

Und das ist durchaus wörtlich zu verstehen. Unter dem Markennamen »Tupperware« kommt von den 1950er-Jahren an Geschirr aus Kunststoff zu einem nach Hause. Der auf einem bekannten Schlager basierende Firmensong »I got that Tupper feeling all over me to stay«, bis heute auf Konferenzen der Firma gesungen, motiviert die Mitarbeiter, schweißt sie zu einem Team zusammen und nimmt zugleich die Selbstverständlichkeit und Allgegenwart von Plastik in unseren Haushalten vorweg.

Firmengründer Earl Silas Tupper, geboren 1907, ist ein kreativer Geist, der sich gerne auf Erfindermessen herumtreibt, und das nicht ohne Folgen. Ein Spiegel für den Einsatz unter Wasser geht ebenso auf sein Konto wie Antirutschvorrichtungen für Strumpfhalter oder Kleiderbügel für Krawatten.[2] Als er sich den Kunststoffen zuwendet, befindet sich die Welt wieder im Krieg – in einem, der noch schlimmer ist als der vorige. Wieder sind die Rohstoffe knapp, und wieder trägt der Krieg dazu bei, die Entwicklungen auf dem Kunststoffsektor zu beschleunigen.

Seit 1940 gibt es die ersten wirtschaftlich rentablen Herstellungsverfahren für Polyethylen. Tupper, der das Material beim Chemieriesen Du Pont kennenlernt, sieht sogleich die Möglichkeiten, die es bietet. Einmal über die allererste Entwicklungsphase hinaus, ist es unzerbrechlich, flexibel, leicht und einfach herzustellen, beliebig einzufärben sowie weitgehend geschmacks- und geruchsneutral, kurz: perfekt für den Einsatz in der Küche. 1942 bringt Tupper den Trinkbecher »Bell Tumbler« auf den Markt, samt passendem Werbeslogan: »Poly-T: Das Material der Zukunft.« Kurz darauf folgt eine Plastikschüssel, die leicht zu reinigen ist, geruchsneutral und stapelbar, auch sie versehen mit einem ungewöhnlichen Kosenamen, der auf ihre wunderbaren Eigenschaften verweist, die »Wonderlier Bowl«. Im Gegensatz zu den Bandalasta-Tellern versuchen diese Schüsseln nichts zu imitieren. Sie geben sich nicht als edler Werkstoff aus, sie wollen genau das sein, was sie sind: Plastik – praktisch, nützlich, vielseitig einsetzbar. 1949 erfindet Tupper eine neue Art Deckel für seine Gefäße, der dank des besonderen Materials völlig biegsam ist. Dieser wird von der Mitte nach außen geschlossen, wobei ein Teil der

Luft aus dem Behältnis gedrückt wird. So entsteht der berühmte »Tupperware-Plopp«, welcher anzeigt, dass das Gefäß luft- und wasserdicht versiegelt ist. Zu einer Zeit, in der ein Kühlschrank noch nicht zur regulären Kücheneinrichtung gehört, ist diese rudimentäre Form von Vakuum eine revolutionäre Neuerung zum Lagern von leicht verderblichen Lebensmitteln.

Dennoch können Earl Tuppers Gefäße die Hausfrauen zunächst nicht so recht überzeugen, und das liegt wohl auch am Plastik selbst. Die ersten Schalen, die auf den Markt kommen, erleben ihren Materialtest bei den Konsumentinnen selber. Sie schmelzen bei großer Hitze, das Essen bekommt in ihnen mitunter einen schlechten Nachgeschmack, und bei längerem Gebrauch werden die Behälter grau. Tupper verbessert das Material und holt Mrs. Brownie Wise in das Unternehmen, 1913 geboren und ein echtes Verkaufsgenie. Sie führt ein revolutionär neues Vertriebssystem ein, welches neben dem Absatz auch schon Werbung und Kundenbindung mit einschließt. Die bisher in Sachen Tupperware reisenden Handelsvertreter werden ersetzt durch lokale »Beraterinnen«, die bei Partys in Privathäusern den Bekannten und Freundinnen der als Gastgeberin fungierenden Hausfrau die Produkte des Unternehmens vorstellen.

Fragen zu den Besonderheiten des neuen Materials werden vor Ort geklärt, Missverständnisse aus dem Weg geräumt, Inspiration für bisher ungekannte Verwendungen gleich mitgeliefert. Was ist Plastik überhaupt? Welche neuen Einsatzmöglichkeiten gibt es für die bunten Schüsseln, was kann darin aufbewahrt werden?

Das Vertriebskonzept wird zu einem durchschlagenden Erfolg. Geschäftsmieten oder Zwischenhändlerrabatte fallen weg; alles, was man braucht, ist ein nettes Beisammensein von gut aufgelegten Hausfrauen, die ein wenig tratschen und sich am Schluss einen Vortrag über die Vorzüge der neuen Plastikschüsseln anhören. Was so nett und banal klingt, markiert jedoch eine schleichende Veränderung im sozialen System. Denn während bis dahin der Mann allein für das Familieneinkommen zuständig ist, bietet sich für die für Tupperware aktiven Frauen mit den Veranstaltungen erstmals eine Möglichkeit, eigenes Geld zu verdienen.

Die Tupperware-Party wird zum Inbegriff des *American Way of Life*, wie er sich vorzugsweise im weißen Vorstadtbürgertum abspielt, und spätestens in den 1970er-Jahren zum Inbegriff der Spießigkeit. Die amerikanische Hausfrau wird in den Aufbruchsjahren nach 1968 konfrontiert mit Kritik aus der amerikanischen Populärkultur: Ein emotional und finanziell von ihrem Ehegatten abhängiges Dummchen sei sie, passives Opfer eines überbordenden Konsumwahns, das blind tut, was andere ihm sagen.[3] Galt die Tupper-Party einst als »denkbar harmloseste Sache der Welt«, fällt nun selbst der Vergleich »mit einem Geheimbund, der an verborgenen Orten seinen kryptischen Kult ausübt: den Hexensabbat in den Vorstädten.«[4] Die Veranstaltungen werden dann auch als probates Mittel gedeutet, die patriarchalen Abhängigkeitsverhältnisse, in denen sich die Frauen befinden, zu stärken. Warum nach draußen gehen, wo Gefahren lauern, wenn es zu Hause doch so schön, so bunt, so sauber ist? Selbst von einem Methodistenprediger wird Tupperware ausführlich gelobt – als Bastion gegen den Kommunismus.[5]

Der Erfolg der Partys ist jedenfalls überwältigend. Nach England kommen sie im Jahr 1960, darauf folgt Kontinentaleuropa und bald schon der Rest der Welt. Brownie Wise, seit 1951 Vizepräsidentin der Firma Tupper, ist die erste Frau, die es auf das Titelblatt der *Business Week* schafft, und Earl S. Tupper verkauft seine Firma 1958 für stolze 16 Millionen US-Dollar. Das Vertriebssystem aus den Fifties, Markenzeichen des Unternehmens, hat starker Produktkonkurrenz aus den Reihen von Nachahmern zum Trotz bis heute Bestand.[6] Noch in den 1990er-Jahren findet weltweit alle 2,5 Sekunden irgendwo auf der Welt eine Tupperware-Vorführung statt.[7]

Tupperware bildet jedoch nur einen ersten Schritt in der Annäherung des Materials Plastik an unser Essen. Ebenfalls in den 1950er-Jahren findet die chemische Industrie eine Verwendung für ihre Kunststoffe, die die Menschen rund um den Globus weitaus nachhaltiger betreffen wird, als es die Vorratsschüsseln jemals zustande gebracht haben: Die Verpackung aus Plastik wird eingeführt. Egal ob Gemüse, Fleisch, Joghurt oder Süßigkeiten: Bald schon gibt es kaum ein Lebensmittel mehr, das von Plastik unberührt bleibt.

Die Verbreitung der Plastikverpackung geht Hand in Hand mit anderen gesellschaftlichen Umbrüchen, die Mitte des zwanzigsten Jahrhunderts in der westlichen Welt stattfinden. In den Supermarktketten, die sich in den 1930er-Jahren in den USA durchzusetzen beginnen, werden Lebensmittel jetzt nach dem Selbstbedienungsprinzip verkauft – und während Milchprodukte, Metzgereiwaren, Brot sowie Obst und Gemüse bis zu dem Zeitpunkt in darauf spezialisierten Geschäften zu haben waren, bieten die neuen, großen Geschäfte erstmals ein Lebensmittelkomplettangebot an. Der erste europäische Supermarkt wird 1948 in Zürich von der Genossenschaft Migros eröffnet. Ein paar Jahre später stößt die neue Idee auch in Deutschland auf immer größere Resonanz: Die Waren hoch stapeln und zum Niedrigpreis verkaufen.

Neben Weißblech und Karton ist Plastik als Verpackungsmaterial schon früh Bestandteil des Konzepts. Es ermöglicht den unkomplizierten Tausch von Ware für Geld, bei dem nichts mehr einzeln abgefüllt, geschnitten, gewogen werden muss – alles steht und liegt bereits fertig in den Regalen und Auslagen, einfach zu begutachten und ohne Umstände in den Einkaufswagen zu legen. So kann an Verkaufspersonal gespart werden, was auch die günstigen Preise ermöglicht. Der Einkaufswagen, selber ebenfalls ein Utensil, das erst mit dem Supermarkt eingeführt worden ist, ist groß genug, um Einkäufe für eine ganze Woche zu fassen. So viele Waren können nur mit einem Auto nach Hause transportiert werden, oder andersrum: Immer mehr Leute können sich ein Automobil leisten, und wer eines hat, deckt nicht mehr den täglichen Bedarf im nächsten Lebensmittelgeschäft, sondern kauft auf Vorrat ein, wo es am günstigsten ist. Da die Ware nicht gleich konsumiert wird, muss sie länger frisch bleiben – auch hier macht sich die Plastikverpackung nützlich.

Der zunehmend industrialisierten Lebensmittelbranche bietet sie darüber hinaus einen weiteren Vorteil: Während die Ware für den Kunden zwar möglichst sichtbar bleiben soll, will doch jeder Hersteller seinem Produkt gerne den eigenen Stempel aufdrücken; schließlich muss es sich von der Konkurrenz abgrenzen. Was lose verkauft wird, ob Wurst, Käse oder Gemüse, eignet sich dazu nicht. Erst vorverpackt bietet sich die Möglichkeit, den Namen des Herstellers oder des Supermarktes darauf zu drucken – und schon ist Käse nicht mehr nur Käse, sondern Markenkäse. Schließlich kommt in den 1960ern die Polyethylenterephthalat-Flasche auf den Markt und beginnt langsam, die Glasflasche zu verdrängen. Heute haben die sogenannten PET-Flaschen in Deutschland bei Wasser einen Marktanteil von mehr als 75 Prozent, bei Limonade sogar mehr als 80 Prozent.

Während 1960 in den USA lediglich ein Zehntel des amerikanischen Kunststoffaufkommens in die Verpackungsindustrie geht, werden ein paar Jahre später, im Jahr 1966, bereits 1,3 Millionen Tonnen Verpackungsmüll aus Plastik in den Abfalleimer geworfen. Am Ende des Jahrzehnts wird bereits ein Viertel der amerikanischen Kunststoffproduktion für Wegwerfverpackung aufgewendet; heute wird ein Drittel des insgesamt produzierten Plastiks weltweit zur Verpackung eingesetzt.

Der Erfolg der Kunststoffverpackung erklärt sich unter anderem auch über das geringe Gewicht des Materials. Bei in Plastik verpackten Waren entfallen – durchschnittlich – nur ein bis drei Prozent des Produktgewichtes auf die Verpackung. Mit 2 Gramm Kunststofffolie können 200 Gramm Käse verpackt werden, in eine 35 Gramm schwere Flasche lassen sich 1,5 Liter Flüssigkeit abfüllen, und ein Becher für 200 Gramm Joghurt wiegt bloß 8 Gramm. Bei einem Sträußchen Basilikum von 15 Gramm, in eine 15 Gramm schwere Plastikschale eingeschweißt, stellt sich die Relation natürlich schon anders dar.

Für wen ist die Frage des Verpackungsgewichts von so großer Bedeutung? Es geht hier nicht nur um den Verbraucher, der selbstverständlich nicht gerne schwere Taschen vom Laden nach Hause in den vierten Stock schleppt. Vor allem für die Lebensmittelproduzenten stellt das Gewicht ihrer Erzeugnisse einen wesentlichen Kostenfaktor dar, und zwar beim Transport. Je weiter die Strecke, die ein Produkt von seiner Herstellung bis zum Ort des Verkaufs zurücklegt, desto stärker macht sich das bemerkbar. In Berlin Wasser aus der Gegend des französischen Orts Vittel zu trinken, wäre ein deutlich kostspieligeres Vergnügen, wenn aufgrund von schwereren Glasflaschen höhere Transportkosten dazukämen.

Als weiteren Vorteil von Plastikfolie geben die Nahrungsmittelhersteller den »kontrollierten Gasaustausch« zwischen dem Verpackten und der Außenumgebung an. Übersetzt heißt das, dass Salat, Tomaten oder Paprika nicht so schnell schrumpelig werden sollen, wenn sie in perforierte Kunststofffolie verpackt sind. Ob aus Gründen der Logistik oder der Haltbarkeit – die eigentlich robuste und haltbare Gemüsefrucht Zucchini, bis vor kurzem noch lose übereinander geschichtet, liegt nun oft Stück für Stück in einer folienüberzogenen Kunststoffschale in den Gemüseauslagen der Supermärkte.

Seit Folien, Umhüllungen und Schachteln immer öfter aus Plastik gefertigt werden, stehen die Zeit der Verwendung eines Produktes und die Dauer seines natürlichen Abbaus zuweilen in bizarrer Relation zueinander. Ein Joghurtbecher, der den Inhalt zwei, drei Wochen (und ungeöffnet sogar noch um einiges über den Ablauf des Mindesthaltbarkeitsdatums hinaus) schützt, benötigt 500 Jahre, um zu verrotten. Und eine Plastiktüte, die vielleicht eine halbe Stunde in Gebrauch ist, verschmutzt die Umwelt ebenfalls noch ein paar hundert Jahre lang.

Dabei war es anfangs gar nicht so einfach, die Leute vom schnellen, gedankenlosen Wegwerfen zu überzeugen. Seit den 1930er-Jahren hatte die Plastikindustrie alles unternommen, um ihre Produkte als haltbar und unzerstörbar zu propagieren. Und nun sollten die Konsumenten dieses neue Material ganz einfach wegschmeißen? Eine Umerziehung der Bevölkerung war angesagt. Den natürlichen Impuls, Dinge zu achten und sie mehr als einmal zu verwenden, galt es auszuschalten. 1956 wird bei der jährlichen Konferenz der amerikanischen »Society of the Plastics Industry« die Losung ausgegeben, der Konsument müsse von der »Entbehrlichkeit« des Materials überzeugt werden.[8]

Es dauert auch gar nicht lange, bis die Verbraucher die Botschaft verinnerlicht haben. Nach nur wenigen Jahren stellte der Plastikmüllberg bereits ein gewaltiges Umweltproblem dar. Als Sidney Gross 1968 zum Herausgeber der Zeitschrift *Modern Plastics* – dem Sprachrohr der amerikanischen Plastikindustrie – bestellt wird und sich zu dieser Zeit die ersten Umweltschützer über die Plastikflut beschweren, gibt

Gross den Schwarzen Peter an die Verbraucher zurück: Das Müllproblem sei nicht auf die Verpackungen aus Plastik selbst zurückzuführen, erklärt er, sondern auf »unsere Zivilisation, die explodierende Bevölkerungszahl, unseren Lebensstil und die Technologie«. Leider aber sei das Plastik, das gewichtsmäßig nur zwei Prozent des Abfalls ausmache, am deutlichsten sichtbar und halte am längsten. Deshalb habe es die Öffentlichkeit als »Bösewicht« ausgemacht und glaube, es müsse »aus der Wirtschaft vertrieben werden.«[9]

Schon im Jahr 1970 wird in Madison, Wisconsin der erste Versuch gestartet, Einwegverpackung für Nahrungsmittel und Getränke zu verbieten. Jede Mehrwegpackung soll, damit sie auch als tatsächlich mehr als einmal benutzt wird, mit einem Pfand in Höhe von einem Dollar belegt werden. Das ist vielleicht ein bisschen hoch angesetzt, und wird darum zunächst für einen Witz gehalten. Als aber das Pfand auf die realistischere Größe von 15 Cent gesenkt wird, denken immer mehr Orte über solch eine Maßnahme nach. Besonders aufgeschreckt reagiert die Kunststoffindustrie, als New York City im Sommer 1971 tatsächlich auf jedes Einweggebinde aus Plastik eine Steuer von zwei Cent erheben will. Der Interessenverband der Plastikindustrie kämpft sechs Monate verbissen gegen diese Verordnung, bis es ihm schließlich gelingt, den Vorschlag als diskriminierend und somit verfassungswidrig zu Fall zu bringen. Schuld an der Umweltverschmutzung sei nicht das Plastik, sondern die Menschen, die es verwenden und dann nicht ordentlich entsorgen, so die Argumentation der Plastiklobby. Und so lautet sie bis heute.

1 vgl. »What is Bandalasta?«,
www.applecroft.co.uk/bandalasta/what.htm (Stand: 9.1.2014)
2 vgl. Bucquoye 2005, S. 9f
3 vgl. Scholliers 2005, S. 72
4 Russo 2000, S. 148
5 vgl. Scholliers 2005, S. 72
6 vgl. Russo 2000, S. 147
7 vgl. Bucquoye 2005, S. 24
8 und 9 vgl. Meikle 1997, S. 266

Plastik verschönt den Körper

Wenngleich das Prunkstück der am 18. Februar 1938 in San Francisco eröffneten Golden Gate International Exposition die zwei Jahre zuvor in Betrieb genommene Brücke ist, ist es doch ein viel kleinerer, eher unscheinbarer Ausstellungsgegenstand, der überproportionales Interesse hervorruft. Die Besucher begegnen ihm in einem großen Demonstrationslabor, in dem Lampen blinken und Flüssigkeiten in Glasröhren brodeln. In diesem imposanten Turm, dem »Tower of Research«, sollen den Besuchern die Segnungen der Chemie nahegebracht werden. Das Motto: »Wie Chemiker Stoffe aus Minen, Wäldern und Feldern verwenden, um sie in etwas umzuwandeln, das den Bedürfnissen der Menschen entspricht«. Es gibt drei Dutzend chemische Produkte und Prozesse zu bestaunen; dem hier zum ersten Mal der Öffentlichkeit vorgestellten Nylon haben die Aussteller dabei nur eine Nebenrolle zugedacht.

Auf der weit größeren New York World's Fair, die zwei Monate später stattfindet, räumt man dem neuen Material sogar noch weniger Platz ein. Als Hauptattraktionen in dem »Forschungsturm«, den der Chemieriese Du Pont dort errichtet hat, gelten vielmehr eine Spritzgussmaschine, die Kämme ausspuckt, eine Bühne, auf der Marionetten vorführen, wie chemische Produkte im täglichen Leben Verwendung finden, und eine durchsichtige Kammer, in der Schwärme von Fliegen mit Insektiziden vergiftet werden. Vor allem Letztere erregt großes Aufsehen.

Die Nylonstrümpfe, die die Mitarbeiterinnen von Du Pont tragen, stellen sich dagegen als Überraschungshit heraus. Manche Frauen kommen mit gezückter Geldbörse, um die »Strümpfe, die aus Kohle hergestellt werden« gleich an Ort und Stelle zu erwerben. Die Enttäuschung ist groß, als die Du Pont-Mitarbeiter erklären, dass sie erst in sechs Monaten auf den Markt kommen sollen. Der Erfolg ist so überwältigend, dass Du Pont noch während der Ausstellung beschließt, sein Konzept zu ändern. Nicht abstrakte chemische Prozesse sollen fortan im Mittelpunkt der Produktpräsentationen stehen, sondern eine Dame, die – so wird sie beworben – »von Kopf bis Fuß mittels Chemie eingekleidet ist«: Sie trägt Schmuck aus Acryl, ein Kleid aus Kunstseide, Schleifen aus Cellophan und Schuhabsätze aus dem Elfenbeinimitat Pyralin. Das Interessanteste an dieser »künstlichen Frau« aus Fleisch und Blut aber sind und bleiben ihre Nylons. Die Werbewirkung könne noch verstärkt werden, wenn man die Strümpfe auch anfassen dürfe, schlägt ein Du Pont-Vertreter vor – doch ganz so weit möchte die Firmenleitung nicht gehen.[1]

Als die Industrieausstellung im Frühjahr 1940 in ihre zweite Saison geht, ist aus der »Lady of Chemistry« die »Miss Chemistry« geworden. Das klingt neuer, moderner, passender. Auch »Miss Chemistry« selbst mutet sehr modern an, ganz als sei sie selbst einem Reagenzglas entstiegen. Die Strümpfe des *test tube girls* stellen jetzt nicht länger eine unerreichbare Fantasie dar. Sie liegen bereits in den Geschäften aus, wenn auch nur in lächerlich geringer Stückzahl. Sobald die Rarität geliefert wird, stürmen die Frauen die Verkaufsräume, »wie Hennen, wenn sie zur Fütterung kommen«, wie ein Reporter des *Time Magazine* so konsterniert wie süffisant zu berichten weiß.

Wenn die Damen die so heiß begehrten Strümpfe schließlich in den Händen halten, sind sie mitunter enttäuscht. Sie haben dem neuen Stoff fast zauberhafte Eigenschaften zugeschrieben, letzten Endes jedoch bleiben es Strümpfe: Sie sind so hübsch wie die aus Seide und deutlich haltbarer als diese. Aber unzerstörbar sind sie nicht, der ewigen Plage Laufmasche können sie nicht Einhalt gebieten. Und auch der uniforme Schnitt bietet trotz der hohen Elastizität Anlass zur Beschwerde: »Einige Millionen von uns sind – gelinde gesagt – dick und haben breite Knie«, beschwert sich eine erboste New Yorker Leserbriefschreiberin. »Fast alle Nylonstrümpfe aber sind auf die schlanke Linie zugeschnitten. Sie reißen deshalb und tun an den Knien weh.«[2]

Abgesehen von so handfesten Klagen machen unschöne Gerüchte die Runde. Das Produkt erleidet einen ersten Imageschaden: Ganz am Anfang, so raunt man, seien die Strümpfe noch aus hochwertigerem Kunststoff hergestellt worden. Die Herstellung wirklich strapazierfähiger Nylons habe Du Pont jedoch zurückgefahren, um den eigenen Markt nicht zu zerstören – je dauerhafter das Produkt, desto geringer schließlich der Bedarf an Ersatz! Es heißt außerdem, die Strümpfe würden mit speziellen Färbemitteln behandelt, die die Haut schädigten; das Nylon behindere die Hautatmung, und in heißem Wasser schmelze es sogar. Die anschauliche Geschichte einer Frau, die beim Überqueren der Straße in die Abgase eines Busses gerät und schockiert feststellen muss, dass sich ihre Strumpfhose in Nichts aufgelöst hat, lässt sich besonders gut weitererzählen.[3] Es kursiert jedoch auch der schwere Vorwurf, bei einigen Frauen habe das Nylon an den Beinen Krebs ausgelöst.

Ebenso übertrieben wie die Erwartungen, die man dem neuen Material von Anfang an entgegengebracht hat, sind jetzt also die Reaktionen darauf. Zudem sind die Fantasien wohl natürlicher Ausdruck der Verunsicherung, die neue Erfindungen zu begleiten pflegt. Bei den Nylons kommt hinzu, dass manche der Gerüchte einen durchaus wahren Kern haben. So rufen die Färbemittel, die in einigen Fabriken eingesetzt werden, allergische Reaktionen hervor. Auch muss Du Pont eingestehen, dass ausgerechnet die Geschichte, die am ehesten nach einem Schauermärchen klingt, auf realen Ereignissen beruht: Bei einem Versuch in warmer, feuchter und mit Säure verschmutzter Luft hat sich das Nylon innerhalb von Sekunden aufgelöst.

Den Siegeszug der neuen Superstrümpfe kann das alles nicht stoppen. Als die Ausstellung in New York im Oktober 1940 zu Ende geht, plagen die Frauen dann auch ganz andere Ängste. Es heißt, die amerikanische Armee ziehe die Nylonbestände als kriegswichtiges Material ein, um die Truppen mit Fallschirmen zu versorgen. Laut Du Pont ist diese Furcht – fürs Erste – übertrieben: Zwar beliefere man auch die U.S. Army, neunzig Prozent des Nylon aber flössen in die Produktion von Strümpfen.[4]

Aber dann erkennen die Militärs, dass Nylon für viel mehr zu gebrauchen ist als nur als Ersatz für die aus Japan stammende Seide. Bald schon wird die Kunstfaser nicht nur für Fallschirme verwendet, sondern auch als Schleppseil für Flugzeuge und schützendes Laminat in Splitterschutzwesten; man produziert daraus unverrottbare Schuhbänder, Moskitonetze und Hängematten für den Einsatz im Dschungel. Ein Du Pont-Korrespondent berichtet in einem Memorandum: »In einer einzigen Nacht haben Termiten eine Hängematte aus Naturfasern zerfressen. Der schlafende Soldat fiel in den Dreck. Auf Hängematten aus Nylon haben die Termiten jedoch keinen Appetit.«[5] Und so kommt es, dass ab Februar 1942, zwei Monate nach Pearl Harbour, langsam der gefürchtete Nylonmangel eintritt. Während 1942 noch 4,5 Millionen Paar Synthetikstrümpfe verkauft werden, sind es in den darauffolgenden Jahren fast keine mehr.

Nylon wird im Zweiten Weltkrieg zum Symbol für die Opferbereitschaft der amerikanischen Hausfrauen: Die kostbaren Strümpfe, für die sie vielleicht stundenlang anstehen musste und die sie nur durch Ausdauer, Tricks oder Ellenbogeneinsatz überhaupt ergattern konnte, vermacht die Patriotin nun bereitwillig den kämpfenden Boys in Übersee: Das Material wird eingeschmolzen, um daraus Fallschirmgarn zu gewinnen. »Taking Em Off' for Uncle Sam« (ungefähr »Zieh sie aus fürs Vaterland«) titeln die Zeitungen und »Sending Their Nylons Off to War« (»Sie schicken ihre Nylons in den Krieg«). Ganz ohne Tränen und Trauer geht der Abschied von den geliebten Strümpfen natürlich nicht vonstatten. In dem Schlager »When The Nylons Bloom Again« (»Wenn die Nylons wieder blühen«) von 1943 träumt die Sängerin von einer Zukunft, in der der wunderbare Stoff wieder zu kaufen sein wird – Baumwolle sei einfach viel zu langweilig für die Männer.[6]

Je rarer die Ware, umso begehrter wird sie. Wie zu Zeiten der Prohibition entwickelt sich in den USA ein regelrechter Schwarzmarkt für Nylons, auf dem das Zehnfache vom normalen Preis gezahlt wird. In Louisiana beklagt ein Einbruchsopfer, dass ihr 18 Paar Nylons gestohlen worden sind, und in Chicago schließt die Polizei in einem Mordfall Raubabsichten aufgrund der Tatsache aus, dass der Täter ein halbes Dutzend Paar Nylonstrümpfe zurückgelassen habe.[7]

Nur acht Tage, nachdem Japan kapituliert hat, stellt Du Pont seine Produktion wieder ganz auf Strümpfe um, und Ende September 1945 gelangen die ersten Nylons in die Geschäfte. Was folgt, geht als »Nylon Riots« in die Geschichte ein. In Indianapolis stehen Hunderte Damen stundenlang an, um sich dann um dreihundert Paar Nylons zu prügeln. Im November löst die Polizei eine Ansammlung von 1.200 Frauen vor einem Modegeschäft auf. Im Januar 1946 gibt der

Bürgermeister von Pittsburgh einer Petition zur Verlängerung der Ladenöffnungszeiten zum Zwecke des Nylonstrumpfkaufs statt und genehmigt einen Abendverkauf. Dieser lockt 40.000 Menschen an, die sich bereitwillig um das nicht ganz der Nachfrage genügende Angebot an Nylonstrümpfen schlagen.[8] Bis dahin hat kein anderes Textil vergleichbare Zustände ausgelöst.

Diesseits des Atlantiks können die Frauen zu der Zeit vom Fabelstoff *made in USA* nur träumen. Doch das wird durch Erfindungsreichtum wettgemacht – in Nachkriegsdeutschland behelfen sich die Frauen mit dem Farbstrumpf. »Coloral Sonnenbraun« wird einfach aufs nackte Bein aufgetragen und erzeugt dort einen eleganten Schimmer, fast wie ein echter Strumpf. Wer dafür kein Geld hat, imitiert die Imitation: Kaffeesatz muss dann das »Sonnenbraun« ersetzen, ein mit Kajalstift gezogener Strich die Strumpfnaht. Um jedoch an das heißbegehrte Original zu kommen, muss man sich mit den GIs gutstellen. Die »zärtlichen Strümpfe«, wie die Zeitschrift *Constanze* sie nennt, werden zur begehrtesten Tauschware des Schwarzmarkts. In Österreich und Deutschland bleiben sie lange ein Luxusartikel, und wer welche besitzt, hütet sie wie seinen Augapfel. Hat sich trotzdem eine Laufmasche gebildet, hilft nur noch der »Laufmaschendienst«, bei dem kaputte Strümpfe wieder repariert werden.

Aber auch in Westeuropa läuft die Produktion nach und nach wieder an, das Jahrhundert der Synthetik kommt gerade erst richtig in Gang: Im Jahr 1951 werden allein in Westdeutschland 30 Millionen Strümpfe hergestellt. 1952 sind es 45 Millionen, und 1955 überschreitet man die 100-Millionen-Marke.[9] Die Strümpfe aus Kunststoff sind viel mehr als ein modisches Statement. Sie sind Projektionsfläche der eigenen Sehnsüchte. Sie machen aus Trümmerfrauen Hollywoodstars. Die Hoffnung auf eine Existenz jenseits der Mühsal der niederschmetternden Nachkriegslandschaft wird aus Polyamid gesponnen.

Wie aber ergeht es dem Mann, der für diese kollektive Verzückung verantwortlich ist? Kann der Erfinder aufgrund seiner epochalen Entdeckung ebenso »sinnvoll, erfolgreich und schön« leben wie vor ihm Leo Baekeland? Seine eigenen Worte klingen nicht so: »Wenn ich noch einmal auf die Welt komme«, erklärt Wallace Hume Carothers,

»will ich Musiker werden. Auf gar keinen Fall noch einmal Chemiker.« Carothers wird am 27. April 1896 in Burlington, Iowa geboren. Nach einer Lehre als Bürokaufmann wendet er sich der Chemie zu – mit raschem Erfolg: Ab 1924 unterrichtet er als Fakultätsmitglied an der Universität von Illinois, 1926 wechselt er an die Harvard University, wo ihm jedoch noch vor Ende des ersten Lehrsemesters von anderer Seite ein verführerisches Angebot unterbreitet wird: Du Pont möchte ihn anheuern.[10]

Im Budget für das Jahr 1927 hat der Industriegigant 300.000 Dollar für Grundlagenforschung reserviert[11] – ein revolutionärer Bruch in der amerikanischen chemischen Industrie. Anders als in Deutschland wird Forschung dort normalerweise nicht ohne Ausrichtung auf einen unmittelbaren praktischen Nutzen betrieben. Charles Stine, der Direktor der Chemieabteilung, ist ein Mann mit Weitblick. Seiner Meinung nach braucht die Industrie neue, noch ungekannte Materialen, aus denen dann neue Gegenstände geschaffen werden können. Eines der Gebiete, von denen sich Stine am meisten erhofft, ist die Polymerisation. Und Leiter des entsprechenden Forschungsprojektes soll der vielversprechende Mann aus Harvard werden. Trotz in Aussicht gestellten 6.000 Dollar Jahresgehalt – mehr als doppelt so viel, wie er in Harvard verdient – lehnt Carothers ab. Nicht das Salär ist zu niedrig oder die Arbeit zu uninteressant, im Gegenteil. Er kämpft vielmehr seit längerem mit Neurosen und Ängsten und fürchtet, dass diese in der Industrie ein schwerwiegenderes Handicap darstellen könnten als bei seiner Universitätstätigkeit. Schließlich willigt er doch ein. In nur wenigen Monaten erarbeitet sich daraufhin der gut dreißigjährige Carothers, der sich schon davor intensiv mit Polymeren beschäftigt und alle relevanten Arbeiten dazu studiert hat, einen Platz in der Spitzenliga der Polymerchemiker.

Im Januar 1930 scheint es mit der nicht zweckgebundenen Forschung bei Du Pont erst einmal vorbei zu sein. Carothers hat einen neuen Vorgesetzten bekommen, und der will verwertbare Ergebnisse sehen. Dieser Vorgesetzte hat einige Zeit zuvor den hochinteressanten Vortrag eines gewissen Julius Arthur Nieuwland gehört, seines Zeichens Chemiker, Pater und Ordensmitglied der Kongregation des Heiligen

Kreuzes. Nieuwland hat sich besonders mit Acetylen auseinandergesetzt, und nach unzähligen Versuchen ist es ihm gelungen, Divinylacetylen herzustellen. Bei dem Molekül aus je sechs Kohlenstoff- und Wasserstoffatomen handelt es sich um eine Substanz, die ebenso gut der Karikatur eines Chemielabors entstammen könnte: Sie sieht aus wie Olivenöl, verfestigt sich, wenn man sie lange genug stehen lässt, und explodiert gelegentlich ohne ersichtlichen Grund. Wenn man das polymere Acetylen aber mit Chlorschwefel behandelt, entsteht ein elastisches Etwas, das Naturkautschuk verführerisch ähnlich ist. Und Du Pont versucht schon seit Längerem, die von der deutschen I.G. Farben sowie Bayer gehaltenen Patente zur Herstellung von Synthesegummi zu umgehen.

Nun sollen also diese beiden Wissenschaftler zusammengespannt werden, um die Menschheit mit ganz neuen Materialien zu beglücken. Die Kooperation von Carothers und Nieuwland erweist sich im Folgenden als äußerst erfolgreich. Gemeinsam gelingt ihnen die Herstellung eines synthetischen Gummis, den Du Pont ab 1932 unter dem vorläufigen Markennamen »Dupren« im großen Stil produzieren wird: Neopren.[12] Zwar ist dieser neue Gummi zunächst recht teuer, aber das wird durch seine zahlreichen Vorteile aufgewogen: Er kann ohne Schwefel vulkanisiert werden, sodass er widerstandsfähiger ist gegen chemische Einflüsse und mechanische Beanspruchung. Außerdem ist er sowohl ölfester als auch gasdichter als andere synthetische Kautschuke, was vor allem die Autoindustrie zu schätzen weiß. Von den Lizenzen seiner Erfindung sieht Pater Nieuwland übrigens nie auch nur einen Cent. Ein Armutsgelübde verbietet ihm das, und alle seine Einnahmen gehen an die von ihm verehrte Notre Dame University in Indiana.[13]

Sein Kollege Carothers wendet sich der nächsten Aufgabe zu. Er hat irgendwo gelesen, dass sowohl die molekularen Strukturen von Seide wie auch die von Cellulose lange Ketten bilden, und nimmt sich vor, solche Molekülketten nachzubauen. Echte Fortschritte macht der immer wieder an Depressionen leidende Forscher lange nicht, vielmehr sieht er sich zunehmend von Intriganten umzingelt und von den kleinlichen Vorschriften des Riesenkonzerns behindert. Das ändert sich erst, als eines Tages einer seiner Mitarbeiter eine erstarrte Polyestermasse erhitzt und daraus einen Faden zieht. Dieser Faden ist merkwürdig – er lässt sich nicht abreißen, sondern dehnt sich bis auf ein Mehrfaches seiner ursprünglichen Länge aus. Und obwohl das Material nun dünner ist, ist es doch um vieles belastbarer. Wie später deutlich wird, haben sich die zuerst unregelmäßig gelagerten Moleküle des Fadens in eine Richtung stabilisiert und so die Faser fester sowie nebenbei durchscheinend werden lassen.

Am 28. Februar 1935 gelingt dann endlich der Durchbruch. Aus einem Gemisch der Monomere Adipinsäure und Hexamethylendiamin wird Nylon hergestellt: die erste Textilfaser, die weder von einer Raupe gesponnen noch aus einer Pflanze gewonnen wird. Die Kunstfaser besteht letztlich aus nichts anderem als gängigen Rohstoffen wie Kohle, Wasser und Luft. Sie kann zu Fäden gezogen werden, die »stark sind wie Stahl, fein wie ein Spinnennetz, aber geschmeidiger als jede gebräuchliche Naturfaser, mit einem wunderbaren Glanz«, wie Charles Stine zur Markteinführung des chemischen Zauberfadens schwärmt – das Märchen vom gesponnenen Gold Rumpelstilzchens scheint wahr geworden.[14] Mit dem gigantischen Erfolg von Nylon zahlen sich die Arbeit von elf Jahren und gigantische Investitionen schließlich aus.

Carothers kann den großen Erfolg seiner Faser nicht mehr erleben. Seine Depressionen sind schwerer geworden, er beruhigt seine Nerven mit Alkohol und trägt seit 1931 stets eine Zyanid-Kapsel bei sich. Nach fünf Wochen Klinikaufenthalt infolge eines Nervenzusammenbruchs und dem Tod seiner geliebten Schwester durch Lungenentzündung im Januar 1937 begeht er mit knapp 41 Jahren Selbstmord. Zwei Tage nach seinem Geburtstag mietet der Erfinder des Nylons sich in einem Hotel in Philadelphia ein und trinkt mit Zyanid versetzten Zitronensaft, ohne einen Abschiedsbrief zu hinterlassen.

Du Pont möchte die teure technologische Errungenschaft gerne exportieren. Im Juli 1938, nicht lange vor Ausbruch des Zweiten Weltkrieges, finden sich hochrangige Vertreter des Unternehmens in der deutschen Hauptstadt Berlin ein, um mit Mitarbeitern der I.G. Farben über Lizenzen zu sprechen. Die Manager aus Wilmington legen prächtige Stoffe aus: Stoffbahnen, Garne und natürlich auch die berühmten Damenstrümpfe. Interessiert begutachten die Chemiker des zur I.G. Farben gehörenden AcetA-Werkes in Berlin-Lichtenberg die Kollektion. Anschließend präsentieren sie die Ergebnisse ihrer eigenen Forschung: Fäden, Bänder, Stoffmuster aus einer Kunstseide, die dem Nylon zum Verwechseln ähnlich sieht. Die Besucher sind überrascht. Haben sich die Deutschen über die internationalen Bestimmungen des Patentrechtes hinweggesetzt? Denn selbstredend hat sich Du Pont jeden Schritt zur Herstellung von Nylon schützen lassen.

Die Chemiker der I.G. Farben können jedoch bezeugen, dass alles mit rechten Dingen zugegangen ist. Ihr Chef Paul Schlack hat ein Verfahren gefunden, mit dem sich aus der chemischen Verbindung Caprolactam Perlon herstellen lässt – aus jenem Caprolactam, das Carothers ausdrücklich als ungeeignet zur Polyamidproduktion eingestuft hat. Nach eingehender Prüfung muss Du Pont eingestehen, dass die deutsche Polyamidfaser rechtlich unantastbar ist.

Der 1897 in Stuttgart geborene Paul Schlack hat schon lange an der Entwicklung einer Synthetikfaser gearbeitet. Im Gegensatz zu seinem Forscherkollegen in den Staaten, der seitens Du Pont mit praktisch unbegrenzten finanziellen Mitteln ausgestattet ist, muss der Deutsche seine Forschung unter dem Druck der Wirtschaftskrise ganz einstellen. Später schildert er, wie er im Jahr 1935 vom Stand der Dinge jenseits des Atlantik erfährt. »Eines Tages lagen die ersten Patentschriften von Carothers auf meinem Schreibtisch. Ich studierte sie an einem Sonntag am Tegeler See. Was ich da las, verschlug mir den Atem. Nun sah man, was in der Krisenzeit verpasst worden war.«[15] Paul Schlack will dort weitermachen, wo er aufgehört hat. Aber ist es überhaupt möglich, die allumfassenden Schutzrechte der Amerikaner zu umgehen? Er sieht nur eine Möglichkeit – über das Caprolactam.

Also kehrt er zu seinen 1929/30 beendeten Versuchen zurück, und bereits ein Vierteljahr später hält Schlack ein Polymerisat des Caprolactams in Händen. Als Schlacks Vorgesetzter die Herstellung inspiziert, sind bereits eine improvisierte Produktion des Ausgangsstoffes Caprolactam sowie die Herstellung größerer Mengen des Polymerisats im Gange. Im Nebengebäude steht die kleine Spinnmaschine, aus deren Spinndüse der Synthetikfaden kommt. Völlig endlos ist er nicht, er wird begrenzt durch die Menge des Vorrats an Schmelze, aus der er produziert wird. Aber es sind doch etliche Stunden, während derer die Düse ohne Unterlass ihr feines Gespinst hervorbringen kann. Perlon, oder Polyamid 6, wie die Substanz in Abgrenzung zum Nylon, dem Polyamid 6.6, später genannt wird, kommt ein wenig zu spät, um die gleichen Erfolge feiern zu können wie sein amerikanisches Pendant. Denn bald nach Schlacks Erfindung überfällt Deutschland Polen, und die Kunstfaser wird ganz vom Militär vereinnahmt. Die Soldaten der deutschen Wehrmacht schweben an Perlon-Fallschirmen vom Himmel. Die US Air Force kämpft an Nylon-Fallschirmen in der Anti-Hitlerkoalition.

Nach Ende des Krieges werden Perlon und seine Verwandten zu den prägenden Fasern der Wirtschaftswunderjahre. Mögen die Damen und Herren im Alltag auch noch wie eh und je in Baumwolle, Leinen und Wolle unterwegs sein, die Traumkleider der 1950er-Jahre sind aus Plastik: eine Abendrobe aus weißem Chemiefaserorganza, ein Abendkleid aus zartrosa Nylon-Gewebe mit schwarzem Blümchendruckmuster und violettem Chemiefasersamt oder ein Tanzkleid aus rosa Nylonkrepp. Aus welchem anderen Material wäre der Petticoat, der bauschige Tüllunterrock der Rock'n'Roll-Ära, überhaupt vorstellbar? Die neuartigen Chemie- und Kunstfasern versprechen wieder einmal entscheidende Erleichterungen für die Hausfrau, wofür das bügelfreie Hemd das beste Beispiel ist. Die Modejournale können die Innovationen gar nicht laut genug preisen. »Perlon – die große Mode!« jubelt *Film und Frau* 1954 und verheißt: »Kein Stärken, kein Bügeln mehr! Waschen kinderleicht.«[16] (Es sei denn, man hält die weißen Hemden nach alter Tradition für Kochwäsche – dann schrumpfen sie allerdings auf Kindergröße zusammen.) So gilt Perlon gar als eine »Garantie für das Eheglück«. Denn was kann noch schiefgehen, wenn die Hausarbeit leichter wird, und die Hausfrau mehr Zeit für sich und ihren Mann hat? Und auch wenn der Mann nach einem damals noch durchgearbeiteten Samstag, möglicherweise recht zerknittert aussieht, so trägt ihn sein Hemd frisch und proper in die strahlende Zukunft!

Perlon ist Teil des Versuchs, das Gestern gestern sein zu lassen und sich ganz dem Heute zu widmen. Warum soll man zurückblicken, wenn all die Erfindungen doch so deutlich in die Zukunft weisen, die mit der Vergangenheit doch gar nichts zu tun haben muss? Man ist modern, und man kauft sich Produkte, die das Leben schöner machen. Rüschen sind jetzt aus Perlon und damit bezahlbar; synthetische Spitzen dienen als Alternative zu teuer geklöppelten; und die neuen Stoffe, für die das Wort »pflegeleicht« überhaupt erst erfunden wird, sind deutlich erschwinglicher als die, die es bisher gegeben hat – so erschwinglich, dass sich Flickarbeiten vielleicht kaum noch lohnen. »Öfter mal was Neues« wird zur Devise, im Küchen- wie im Kleiderschrank, oder, wie es Kulturphilosoph Wolfgang Pauser sagt: »Plastik machte Spaß. Hier konnte man am deutlichsten den neuen kleinen Reichtum nach dem Krieg empfinden. Wir haben mittlerweile vergessen, wie teuer, wie unverfügbar und wie kostbar vorher Haushaltswaren und auch Bekleidung waren. Und der Kontrast zwischen den billigen Dingen, die sich jeder leisten und die man sogar wegwerfen konnte, zu den teuren, wertvollen Utensilien der Vorkriegszeit, das machte die Verführungskraft von Plastik in den 1950er-Jahren aus.«[17]

Bis heute zählt es zu den Wettbewerbsvorteilen synthetischer Textilien, dass sie vergleichsweise günstig zu produzieren sind. Die chemische Weiterverarbeitung von Rohöl ist nicht so aufwendig wie das Bewirtschaften von Baumwollplantagen oder das Halten von Schafherden. Und so folgen auf Nylonstrümpfe und Polyesterhemden in den Jahrzehnten darauf ganz selbstverständlich Strickpullover aus Polyacryl, Lurexkleider, Microfaserunterwäsche.

Plastik überschreitet schließlich sogar die Grenze vom Äußeren zum Inneren. Was anfangs den Körper nur umhüllt hat und dafür anfangs emotionale Widerstände überwinden musste, wird irgendwann integraler Bestandteil von ihm – als künstliches Hüftgelenk, Beschichtungsmaterial für künstliche Herzklappen oder in Form von sogenannten Stents: kleinen, röhrchenförmigen Netzen, die verengte Blutgefäße erweitern sollen. Und nicht zuletzt das für Implantate verwendete Silikon, ein synthetisches Polymer, das eine Zwischenstellung zwischen anorganischen und organischen Verbindungen einnimmt, trägt dazu bei, dass die Grenze zwischen »natürlich« und »künstlich« mehr und mehr verschwimmt.

1 vgl. Meikle 1997, S. 142ff
2 Tschimmel 1989, S. 149
3 vgl. Meikle 1997, S. 147
4 ebd.
5 Tschimmel 1989, S. 156
6 vgl. Finkelstein 2008, S. 55
7 vgl. Meikle 1997, S. 148
8 ebd., S. 150
9 Gesche Sager, »Der Stoff, aus dem die Träume sind«, *SPIEGEL online*, 12.11.2006, http://einestages.spiegel.de/static/topicalbumbackground/2740/der_stoff_aus_dem_die_traeume_sind.html (Stand: 9.1.2014)
10 Hermes 1996, S. 69ff
11 vgl. Firmenseite Du Pont, www2.dupont.com/Heritage/en_US/related_topics/charles_ma_stine.html (Stand: 9.1.2014)
12 vgl. »Geschichte des Kunststoffes«, *plasticker*, http://plasticker.de/fachwissen/history_people_detail.php?id=12 (Stand: 9.1.2014)
13 vgl. Tschimmel 1989, S. 153
14 ebd., S. 155
15 Tschimmel 1989, S. 158
16 Belting 2001, S. 18
17 Wolfgang Pauser im Interview mit den Autoren

Plastik lässt sich in der Wohnung nieder

Während der Düsseldorfer Ausstellung »Schaffendes Volk«, die 1937 die »neue deutsche Art« des Wohnens, des Arbeitens und der Kunst zeigt, schlendern mehr als sechs Millionen Besucher aus dem In- und Ausland über einen neuartigen Bodenbelag. Stolz verkündet die nationalsozialistische Propaganda danach, dass das PVC trotz der immensen Belastung keinerlei Spuren von Abnutzung zeige. Das Polyvinylchlorid habe damit bewiesen, dass es ein echter »deutscher Kunststoff« sei. Ausgangsstoff für das PVC ist Vinylchlorid, ein gasförmiger Chlorkohlenwasserstoff, der bei der Reaktion von Acetylen mit Chlorwasserstoff entsteht. Das notwendige Acetylen lässt sich aus deutscher Kohle gewinnen, während der erforderliche Chlorwasserstoff als Nebenerzeugnis bei der Verwertung inländischer Salzvorkommen anfällt – so gesehen passt der neue Kunststoff geradezu ideal zu dem Autarkiekonzept der Machthaber des Dritten Reiches.[1] Dass ausgerechnet ein Franzose dem PVC als Erster auf die Spur gekommen ist, wird geflissentlich verschwiegen.
Als Henri Victor Regnault 1835 ein kleines Fläschchen mit Vinylchlorid begutachtet, das ein paar Tage in der Sonne stand, stellt er eine merkwürdige Veränderung fest. Das Sonnenlicht hat den Stoff in ein weißes Pulver verwandelt: Roh-PVC. Gewissenhaft notiert Regnault weitere Experimente dazu und versucht vergebens, aus dem Pulver etwas Sinnvolles herzustellen. Es dauert mehr als siebzig Jahre, bis sich die chemische Forschung erneut dem zuwendet, was später als PVC bekannt werden soll.
Im Jahr 1913 lässt sich der deutsche Chemiker Fritz Klatte das Verfahren zur Herstellung von PVC patentieren. Gezielt gewinnt er zunächst aus Acetylen und Salzsäure Vinylchlorid, ein Gas, das erst bei minus 12 Grad Celsius flüssig wird. In dem Material, das daraus bei anschließender Polymerisation mithilfe von Lichteinwirkung entsteht, hofft er einen Ersatz für das leicht entflammbare Celluloid zu finden und damit Kämme, Knöpfe und Filmmaterial herstellen zu können. Doch der Erste Weltkrieg vereitelt weitere Versuche zur Erforschung der Materialeigenschaften und -anwendungen.

1926 werden die Rechte an PVC schließlich freigegeben und damit der Weg für eine breiter angelegte Erforschung des Kunststoffes geebnet – denn noch immer weiß die Industrie nicht so recht, wie und wozu sie diese Substanz verarbeiten soll. 1928 beginnt die großtechnische Produktion von Hart-PVC in den USA, 1930 in Deutschland. 1935 gelingt die Plastifikation von Hart-PVC bei 160 Grad Celsius: Erste Folien und Rohre werden hergestellt. Während das Material in Reinform bis zu einer Temperatur von etwa 100 Grad ziemlich hart und spröde bleibt, erhält es zwischen 120 und 160 Grad eine hohe Elastizität und kann verformt werden. Um diese auch bei normalen Temperaturen zu erreichen, versetzt man das PVC mit sogenannten Weichmachern.

Von dem Moment an geht alles recht schnell. Im Jahr 1945 ist PVC bereits der meistproduzierte Kunststoff der Welt, seine Einsatzmöglichkeiten scheinen praktisch unbegrenzt. Er wird zur Isolierung von Kabeln und zur Herstellung von neuen Schallplatten verwendet – seitdem ist von Vinylplatten die Rede. Auch Fensterrahmen, Duschvorhänge, Koffer, Regenmäntel, Schuhe und Wasserspender, all das kann von jetzt an aus PVC bestehen. Manchmal, wie beim Kunstleder, verbirgt der Stoff seine wahre Identität, manchmal gibt er sich von vorneherein selbstbewusst als künstlich zu erkennen. Die Vielseitigkeit von Polyvinylchlorid ist erstaunlich: Es nimmt kaum Wasser auf, soll beständig sein gegen Säuren, Laugen, Alkohol, Öl und Benzin. Und für die Industrie hat es darüber hinaus einen kaum zu überbietenden Vorteil: Die Herstellung von PVC ist die billigste Möglichkeit, die Mengen von Chlor loszuwerden, die bei der Herstellung des Hilfs- und Reinigungsstoffes Natronlauge anfallen. Man umgeht die hohen Chlorentsorgungskosten, und gleichzeitig wird aus dem Abfall etwas Neues geschaffen, das sich wieder verkaufen lässt.

Ein paar Tage, bevor der Zweite Weltkrieg zu Ende geht, hält der Vizepräsident von Du Pont, J. W. McCoy, vor einer Gruppe von Marketingexperten eine Rede. In den ersten Friedensjahren werde das Geschäft zweifelsohne gut gehen, da werde sich die Bevölkerung ihre Träume erfüllen wollen. Der Wunsch nach Autos, Waschmaschinen, Radios und anderen Konsumgütern werde eine Spirale des Aufschwungs in Gang setzen. Aber, und davor warnt McCoy, gefährlich werde es, wenn all die Wünsche befriedigt seien. Deshalb gelte es, danach zu trachten, »dass die Amerikaner niemals zufrieden sind«.² Der Industrielle spricht damit gelassen einen Zusammenhang aus, dessen gedanklichen Ursprung mancher vielleicht eher bei der konsumkritischen Szene suchen würde – als bösartige und destruktive Unterstellung gegenüber den Motoren gesellschaftlichen Wohlstands. McCoys Traum wird wahr: Es entwickelt sich eine Kultur des Überflusses, in der das psychologische Wohlbefinden zum großen Teil vom Aufhäufen materieller Dinge abhängig gemacht wird. Kaufen macht glücklich. Das Paradox, dass dem Besitz dieser Dinge einerseits wesentliche Bedeutung beigemessen wird, sie aber andererseits wertlos genug sind, um in kurzen Zyklen weggeworfen und durch neue ersetzt zu werden, wird dabei mühelos überwunden.

Plastik ist das ideale Material für diese Kultur der schnellen Konsumption. Es ist billig, weil es aus dem schier unerschöpflich scheinenden und günstigen Erdöl hergestellt wird. Aus finanzieller Sicht muss man keine Bedenken haben, es wegzuwerfen. Anders als bei einem Unikat wird es bei einem solchen Massenprodukt schon kein Problem sein, das gleiche noch einmal zu bekommen.

Der Umgang mit Gebrauchsgütern erlebt eine entscheidende Zäsur. Vor dem Siegeszug des Plastik sind Produkte relativ teuer, in handwerklichen Einzelschritten mit hohem Einsatz von (jedoch vergleichsweise günstiger) Arbeitskraft hergestellt. Wenn ein Wäschestück, ein Sessel oder ein Gerät defekt ist, wird darum selbstverständlich versucht, das Objekt zu reparieren.

Das Material Kunststoff dagegen ist wie für die Automatisierung gemacht. Ist die Produktionsstraße erst einmal eingerichtet, sind nicht mehr viele qualifizierte Arbeitskräfte notwendig. Parallel mit seiner Verbreitung wird auch die Herstellung technischer Geräte immer billiger. Das Produkt wird im Verhältnis zu den Kosten von Arbeitsstunden so billig, dass schon simple Ausbesserungsarbeiten daran unwirtschaftlich erscheinen. Reparaturen fallen auch deshalb schwer, weil Ersatzteile nicht wie bei Holz oder Metall individuell zurechtgelötet oder -gefeilt werden können. Kunststoff sträubt sich geradezu dagegen, repariert zu werden. Wenn eine kleine Plastikstrebe abgebrochen ist, ist das Einzige, was hilft, ein Ersatzteil, exakt so geformt wie das Original, aus einem Guß. Und anders als Spenglereien und Schreinereien gibt es keine Kunststoffwerkstätten, die einem dieses Ersatzteil anfertigen könnten. Es muss beim Hersteller des Geräts bestellt werden. Außer bei extrem hochwertigen Designgegenständen, denen vielleicht sogar ein gewisser Sammelwert beigemessen wird, erntet jemand, der sich allen Ernstes nach einem Ersatzteil für ein Elektrogerät für unter hundert Euro erkundigt, ungläubige bis mitleidige Blicke. So vorzugehen widerspricht zunehmend der ökonomischen Logik – der der Verbraucher, aber ebenso der der Hersteller. Denn Letztere verdienen nicht an Reparaturen.

In den Aufbaujahren bereitet das jedoch keine Sorgen. Über das Konsumieren trägt man schließlich zum eigenen Wohlstand bei. Politik und Medien haben zwar schon kräftig dabei mitgeholfen, aus dem Menschen einen Verbraucher zu machen; die Vokabeln Müllberg, Ressourcenknappheit und Nachhaltigkeit jedoch haben sie der Öffentlichkeit noch nicht beigebracht. Dass die Gesellschaft von nun an nicht nur alles produziert, was den Alltag schöner macht, sondern auch bedeutend größere Mengen an Müll, als sie abzutragen in der Lage ist, wird erst später zum Thema.

Zur Eröffnung der ersten National Plastics Exposition im April 1946 in New York verkündet der Präsident des Lobbyverbandes der Plastikhersteller, der Society of the Plastics Industry stolz: »Nichts kann Plastik stoppen.« Seine Worte werden sich als wahr erweisen. Am ersten Tag besuchen 20.000 Besucher die Ausstellung, nach sechs Tagen haben weitere 87.000 Menschen die neuen Kunststoffwelten erkundet. Die Show zeigt »schöne und nützliche Produkte, die es vorher nicht gegeben hat« – *anything goes*! Aus PVC gefertigte, durchsichtige Hutschachteln sind ebenso zu bewundern wie PVC-Sättel; Spielzeugzüge gibt es jetzt aus Polystyrol, ebenso wie Druckknöpfe für das Radio und Fliesen. Auch wenn viele der ausgestellten Waren noch Prototypen sind, geben sie doch einen Vorgeschmack darauf, in welcher Komplettheit Kunststoff in kürzester Zeit alle Bereiche des Lebens durchdrungen haben wird.

Bald schon ist Plastik aus den modernen Heimen nicht mehr wegzudenken. Von Anfang an leugnet es seine wahre Identität und präsentiert sich als Imitation traditioneller Materialien. Kunststofffliesen wollen in ihrer Optik glauben machen, sie seien aus Keramik gefertigt, und Möbelbezüge muten dank einer entsprechenden Prägung wie Leder an. Man muss in der schönen neuen Plastikwelt schon genau hinsehen, wenn man sie als solche erkennen will – wirklich selbstbewusst wirkt das nicht.

Außerdem ist aus anfangs einem revolutionären neuen Material eine Vielzahl geworden: Zum »Urplastik« Bakelit sind Verwandte gekommen, die der Konsument erst einmal kennenlernen muss, um auch richtig damit umgehen zu können. Im Oktober 1947 bringt der Kunststoffverband SPI darum eine fünfzigseitige Broschüre heraus, die »die Wahrheit über Plastik« enthüllen will: »Plastik – der Weg zu einem besseren, sorgenfreieren Leben.« Als großer Pluspunkt wird angeführt, wie leicht sich Plastik reinigen lasse; ein feuchtes Tuch genüge, und schon sei alles wieder sauber. Plastik sei weder Wunderding noch Ramsch, sondern schlichtweg ein synthetisches Material, das das Leben auf tausend Arten leichter gestalten könne – wenn man es richtig verwende. Diese Einschränkung verursacht dem Kunststoffverband seit einiger Zeit schon Kopfzerbrechen, da viele Konsumenten die Produkte falsch behandeln und sich beschweren, dass diese allzu leicht kaputt gingen. So trifft ein Material, dessen Schwächen noch zu beheben sind, auf Nutzer, die Plastikschüsseln so heiß erhitzen, dass sie schmelzen oder so heftig mit Stahlwolle bearbeiten, dass sie unansehnlich werden. Die zweite Plastikausstellung steht dann auch unter dem Motto: »Das richtige Plastik für den richtigen Zweck«.

Je erfolgreicher der Konkurrent Kunststoff wird, desto öfter versuchen etabliertere Industrien, das Material in Misskredit zu bringen. In einem Bericht der Porzellan-Vereinigung aus dem Jahr 1951 heißt es, Melamingeschirr sei so weich, dass es leicht zerkratze. Die Beschädigungen seien dann natürlich ein idealer Nährboden für Bakterien. Da der Kunststoff zudem wasserabweisend sei, könne er nicht ordentlich gereinigt werden, und seine chemische Instabilität führe dazu, dass Formaldehyd freigesetzt werde, sobald man die Teller unter heißes Wasser halte. Die Antwort der Industrie hält sich erst gar nicht lang damit auf, ernsthaft auf die Vorwürfe einzugehen. In einem Text in der Branchenzeitschrift *Modern Plastics*, der ironisch gemeint ist, sich aber fast wie eine Prophezeiung dessen liest, was in späteren Jahren auf den Menschen zukommt, heißt es: »Die Einwohner dieses Landes werden an der ›Plasticitis‹ erkranken, und die Bestatter müssen sie gar nicht mehr begraben, weil sie ohnehin schon einbalsamiert sind.«[3]

Langsam verändert sich die Anmutung der Kunststoffe in der Wohnung, wie zwei Bilder in der Zeitschrift *Progressive Architecture* von 1970 illustrieren: Hier ein im Kolonialstil gehaltenes, traditionell wirkendes Zimmer, mit dem die Firma Uniroyal für ihre Holzimitate aus Polystyrol wirbt. Die große handgeschnitzte Truhe ist ebenso aus Plastik wie die scheinbar vom Holzwurm zerfressene Täfelung, gleiches gilt für die »Lederbezüge«. Und da ein Foto, das unter der euphorischen Überschrift »Plastik: Die Zukunft ist angekommen« die erste »komplett abstrakte, durch und durch synthetische Umgebung« zeigt – einen mit Kunststoffschaum ausgekleideten Raum, der zwar warm wirkt, aber in der Tat auch durch und durch künstlich. Die zwei Verwendungsarten von Kunststoff stehen sich prototypisch gegenüber, auf der einen Seite die Imitation des Echten, auf der anderen Seite ein Bekenntnis zum Material, dem seine eigene Existenzberechtigung im Design zugesprochen wird.

Vor allem zwei amerikanischen Gestaltern gelingt es, den Ruf des Billigen und Minderwertigen, den Plastik hat, ein wenig zu relativieren. Der 1910 in Finnland geborene Eero Saarinen beginnt 1930 sein Studium an der Yale School of Art and Architecture, und vier Jahre später tritt er in das Architekturbüro seines Vaters Eliel Saarinen ein. Nachdem er sich mit dem amerikanischen Architekten- und Designerpaar Charles und Ray Eames zusammengetan und zehn Jahre mit ihnen an der Entwicklung völlig neuer Sitzmöbeltypen aus formbarem Schichtholz gearbeitet hat, wendet er sich 1948 dem nächsten neuen Material zu: Er beginnt, für Knoll Associates Möbel aus Fiberglas zu entwerfen. Der dabei entstehende *Womb Chair* ist sozusagen der Urahn der zahllosen, so vertrauten Kunststoffstühle von heute. Auf seinem Gestell aus gegossenem Fiberglas sind eine weiche Sitzfläche und eine ebenso anschmiegsame Rückenlehne aus Kunststoffschaum angebracht. Saarinen holt damit das Material Plastik aus der Schmuddelecke. Mit seinen Entwürfen zeigt er, dass aus etwas, das bekannt dafür ist, schnell abgenutzt und noch schneller wieder weggeworfen zu werden, etwas zeitlos Schönes erschaffen werden kann. Und Saarinen räumt auch mit dem Mythos auf, dass Plastik billig zu sein hat. Im 2009er-Katalog von Knoll bietet die Firma den *Womb Chair* zum Preis von 2.803 US-Dollar an.

Im gleichen Jahr stellen Saarinens Partner Charles und Ray Eames der staunenden Öffentlichkeit den Stuhl, oder besser gesagt die Sitzskulptur *La Chaise* vor. Entwickelt für den Wettbewerb »Low Cost Furniture Design« des Museum of Modern Art, haben die Eames ein zukunftweisendes Sitzmöbel aus Plastik geschaffen, wenngleich die beiden das Motto des Wettbewerbs anscheinend falsch verstanden haben. Denn ein Low-Cost-Artikel ist *La Chaise* keineswegs; die Herstellung ist vielmehr so aufwendig, dass das Möbel nie industriell in Produktion gehen wird.

1950 kommen sie ihrer Vision eines industriell zu fertigenden Massenprodukts einen guten Schritt näher mit einem Fiberglas-Polyester-Lehnsessel, der seine synthetische Herkunft stolz verkündet, anstatt sie zu verleugnen. »Der Polyestersessel ist leicht, farbig und belastbar«, jubelt *Modern Plastics*. Seine einnehmende Oberfläche blättere niemals ab, das schöne Design verblasse nicht, die Form gewährleiste ein Maximum an Entspannung. Und nicht zuletzt: Das Möbelstück sei immer »angenehm warm, wenn man es berührt«.[4] Bald schon sind die Plastikstühle überall im Einsatz. Von ihrer modernistischen Aura ist allerdings binnen kurzer Zeit nicht viel übrig. Der Fiberglasstuhl wird bald mit Schulen, Warteräumen und anderen Orten assoziiert, an denen sich die Menschen eher ungern aufhalten.

Bei Charles und Ray Eames bilden die Sitzschalen aus Fiberglas keine gestalterische Einheit mit den herkömmlichen Materialen wie Holz oder Metall, die für die Füße verwendet werden, sie grenzen sich sichtbar voneinander ab. Eero Saarinen dagegen träumt von einem

Stuhl, bei dem Gestell und Schale zumindest äußerlich ein integrales Ganzes darstellen. 1957 ist es so weit: Knoll Associates präsentiert den *Tulip Chair*, dessen Form einer Tulpe nachempfunden ist. Zu diesem ersten Stuhl, der mit nur einem Bein auskommt, gibt es eine passende Serie unterschiedlich großer Tische, die ebenfalls auf nur einem Bein stehen. Sitzschale bzw. Tischplatte bestehen jeweils aus fiberglasverstärktem Kunststoff, während der Fuß aus Leichtmetallguss fabriziert ist – aber in der gleichen Farbe lackiert wie die oberen Teile. Der Entwurf des *Tulip Chair* wird in den folgenden Jahren mehrfach preisgekrönt.

In Europa verbindet man mit Plastik im Produktdesign vor allem den Namen Verner Panton. Der 1926 geborene dänische Architekt und Designer führt die Pop Art in die Welt der Möbel ein. Nach seinem Studium an der Technischen Hochschule in Odense und der Königlich Dänischen Kunstakademie in Kopenhagen beginnt er als Assistent im Designbüro des skandinavischen Architekturstars Arne Jacobsen. Auch er eröffnet bereits nach zwei Jahren ein eigenes Studio und wendet sich vom Einsatz von Naturwerkstoffen ab; er bevorzugt künstliche Arbeitsmaterialien. Daran faszinieren ihn vor allem die unendlichen Gestaltungsmöglichkeiten, die seine Fantasie anders als die traditionellen Werkstoffe nicht länger einschränken. Endlich können die klassischen Strukturen verlassen und die völlige gestalterische Freiheit in Form und Farbgebung spektakulär genutzt werden. Panton kreiert dann auch die ersten aufblasbaren Möbel aus Plastik, und nach mehreren Jahren Experimentierarbeit gelingt ihm 1959/60 jener Entwurf, für den er bis heute berühmt ist: der *Panton Chair*. Aus einem einzigen Stück Kunststoff gegossen, ist der Freischwinger eine eindrucksvolle Demonstration der Möglichkeiten, die das Plastik den Designern bietet. Das Auffälligste daran ist die Fußpartie. Durch seine geschwungene Form benötigt der Stuhl keine Standplatte, was der Sitzskultpur ihre einzigartige Dynamik verleiht. Nichts illustriert die Aufbruchstimmung der 1960er- und 70er-Jahre besser als die Objekte und Interieurs des Dänen, deren Gesamteindruck die Medien zu der Umschreibung »gebaute Science Fiction« inspiriert.

Dass Plastik sich im Haus längst breit gemacht hat, genügt jedoch nicht. Das Haus selbst wird schließlich weiterhin aus herkömmlichen Materialen wie Holz, Ziegel oder Beton gefertigt. Im Mai 1954 beschließt der Chemieriese Monsanto, dass auch diese letzte Bastion zu fallen habe. Das »House of the Future« gilt es zu errichten, und dieses Haus der Zukunft soll auch ganz und gar aus dem Material der Zukunft bestehen.

Schon vor Monsanto haben zwei andere Firmen an einem solchen Gebilde gearbeitet. Robert Fitch Smith errichtet für die »Russell Reinforced Plastics Corporation« in Florida ein Haus, dessen Wände aus Fiberglas sind – gestalterisch ähnelt es einer Mischung aus einer Ranch und einem Badehaus. Eliot Noyes plant für General Electrics einen kühneren Entwurf, eine Art Zelt aus Fiberglas; über den Modellstatus kommt das Haus aber nicht hinaus.

Albert G. H. Dietz, der für Monsanto das Plastikhaus entwickeln soll, gefallen diese Prototypen nicht besonders. Er sieht in ihnen das alte Dilemma der bloßen Nachahmung tradierter Konzepte mit neuen Materialien. Dietz träumt von einem Haus aus einem Guss, einer geschlossenen Fläche ganz aus Kunststoff. Mit Monsantos »Haus der Zukunft« soll das perfekte Heim für die amerikanische Nachkriegsfamilie geschaffen werden. Bis zu diesem Zeitpunkt hat sich ein Haus über Generationen hinweg langsam verändert. Was die einen angebaut haben, reißen andere vielleicht wieder ab. Das neue Haus wird all diese Prozesse beschleunigen und vereinfachen, da sich noch viel leichter Zimmer hinzufügen und wieder wegnehmen lassen, wenn Kinder geboren werden oder die Nachkommen schließlich ausziehen – die Plastikarchitektur verspricht totale Flexibilität. Der Prototyp kostet fast eine Million Dollar, die Firma hofft dennoch, das Gebäude später als Massenprodukt für nur 20.000 Dollar herstellen zu können. 1957 kann das Plastikhaus schließlich von der Öffentlichkeit betreten und angemessen gefeiert werden. Seine organisch-sanft gerundeten, etwas mehr als 6.800 Kilogramm schweren Außenwände bestehen zu hundert Prozent aus Kunststoff, worüber der Besucher beim Eintritt von einer Stimme aus dem Lautsprecher freundlich informiert wird. Aber nicht nur das Äußere ist revolutionär, auch innen ist selbstverständlich alles auf dem allerneuesten Stand. In der Küche finden sich eine Spülmaschine und ein Mikrowellenherd, technische Geräte, die bis dato unbekannt waren und in den kommenden Jahrzehnten zur Standardausrüstung jedes amerikanischen Familienhaushalts gehören werden. Für jeden Raum gibt es einen Klimaregler. Auch das Spielzeug der Kinder besteht hier – wie könnte es anders sein – ausschließlich aus Plastik und ist laut Werbeaussage sowohl leicht abwaschbar als auch so gut wie unzerstörbar. Des Weiteren befindet sich im Schlafzimmer ein Telefon mit Freisprechanlage, und das Badezimmer ist – für die Kinder – mit höhenverstellbaren Waschbecken ausgestattet. Besucher können dank Bildtelefon und Kamera schon vor dem Öffnen der Haustüre identifiziert werden, die Fenster bestehen, auch das eine Neuerung, aus laut Werbung bruchsicherem Isolierglas.

Wo anders könnte sich Monsantos »Haus der Zukunft« befinden als in Disneyland, in der Nähe von Cinderellas Schloss. Dabei ließe sich über diese Standortwahl durchaus streiten: Einerseits erhöht sich dadurch die Zuschauerfrequenz, gleichzeitig jedoch bekommt das synthetische Gebäude eine fast märchenhafte Anmutung. Es geht denn auch nicht in Serienproduktion für den Massenmarkt, sondern verkörpert lediglich über zehn Jahre als eine der Hauptattraktionen in Disneys Tomorrowland eine Vision zukünftigen Lebens aus den späten 1950er-Jahren. Als solche wird es von mehr als 20 Millionen Menschen bestaunt, bis es 1967 im Zuge einer Umgestaltung des Parks abgerissen wird.

Wirklich leicht will sich dieses Haus, das so demonstrativ das Leichte, Flexible, Vorübergehende propagiert hat, jedoch nicht beseitigen lassen. Der Epoxidkleber, der als Dämmstoff verwendet worden ist, erweist sich als äußerst zäh, sodass die Arbeiter sich zwei Wochen lang mit Abrissbirnen, Lötlampen, Kettensägen, Pressluftbohrern und Kabeln abmühen müssen, bis das Bauwerk endlich in kleine Stücke zerlegt ist und abtransportiert werden kann. Das mit Fiberglas verstärkte Polyester scheint ein zu widerstandsfähiger und beständiger Werkstoff für eine Zeit, die das Vergängliche und Wegwerfbare verherrlicht.

In Europa versucht 1965 der finnische Architekt Matti Suuronen auf Anregung eines bergsteigenden Freundes die Idee des Hauses aus Plastik umzusetzen. Seine ellipsoide Konstruktion aus glasfaserverstärktem Kunststoff mit 16 ovalen Fenstern ist so leicht wie kompakt und kann ohne Probleme selbst in unwegsamem Gelände abgesetzt werden (vorausgesetzt, man verfügt über einen Hubschrauber). Aufgrund des geringen Raumvolumens lässt sie sich günstig und schnell beheizen. Das mobile Heim namens »Futuro« ist drei Jahre später die Hauptattraktion der Londoner Ausstellung »Finnfocus« und wird bald darauf auch im New Yorker Museum of Modern Art gezeigt. Ermutigt durch die große Resonanz beginnt die Serienfertigung. Die Firma Polykem nimmt Futuro als Freizeithaus ins Programm. Inklusive kompletter Einrichtung – offene Küchenzeile, Schlafbereich für zwei, Nasszelle mit integrierter Dusche und Toilette sowie acht Liegesesseln – ist das 36 Quadratmeter große Rundhaus vier Tonnen schwer. 1968 müssen Käufer 12.000 US-Dollar dafür hinblättern. Doch wie auch in den USA scheint es mit der Massenvermarktung nicht so recht zu klappen. Als 1972 die Ölkrise durchschlägt und sich die Preise für den Rohstoff verdreifachen, ist es um das Futuro-Haus geschehen. Insgesamt verlassen nur 51 Exemplare das finnische Werk, um unter anderem nach Südafrika, Japan und Argentinien verkauft zu werden, heute sind noch 22 erhalten, darunter Ausstellungsstücke in Berlin und Brüssel. Womöglich wäre dem Futuro größerer Erfolg beschieden gewesen, wenn es vier Räder hätte ausfahren können. Als Wohnanhänger und Wohnmobil ist das Konzept einer mehr oder weniger kapselförmigen Behausung, die zu großen Teilen aus Kunststoff besteht, bis in die Gegenwart auf den Straßen Europas und der USA unterwegs.

1 Vgl. Heimlich 1988, S. 73
2 Meikle 1997, S. 176
3 ebd., S. 171
4 ebd., S. 202f

Plastik ist Pop

Als der französische Philosoph Roland Barthes in den 1950er-Jahren eine Reihe von Artikeln veröffentlicht, in denen er Phänomene des Alltags beschreibt, ist sein Text über Plastik geprägt von der Begeisterung für das Neue, wie sie zu der Zeit von so vielen empfunden wird. Als »alchimistische Substanz« bezeichnet er das Material, es sei weniger ein Gegenstand als vielmehr »die Spur einer Bewegung«.[1] Aus Plastik lasse sich alles herstellen, ein Eimer genauso wie ein Schmuckstück – daher das Staunen und Träumen der Menschen angesichts von Kunststoff, so Barthes. Und doch führen ihn so sublime Überlegungen auch zu einer ganz anderen, entscheidenden Schlussfolgerung zum Charakter von Plastik: Das vielseitige Material ist der ideale Stoff für billigste Alltagsbedürfnisse. »Zum ersten Mal hat es das Artifizielle auf das Gewöhnliche und nicht auf das Seltene abgesehen. [...] Die ganze Welt kann plastifiziert werden.«[2]
Knapp zwanzig Jahre später, 1968, veröffentlicht ein anderer französischer Denker, Jean Baudrillard, sein Buch *Das System der Dinge*. Auch darin geht es um Gegenstände des Alltags, genauer: um unser Verhältnis zu ihnen. »Holz, Stein und Erz werden heute von Beton, Formica und Polystyren verdrängt«, konstatiert Baudrillard.[3] Das sei nun aber keineswegs etwas, dem man kritisch gegenüberstehen dürfe. »Den warmen und menschlichen Substanzen der Gegenstände von einst nachzutrauern, hat keinen Wert. Denn jede Gegenüberstellung von Natur- und Kunststoff [...] ist doch bloß ein Moralisieren. In Tat und Wahrheit sind die Substanzen nur, was sie sind: Es gibt keine echten und unechten, keine natürlichen und künstlichen.«
Nicht viel später wird der gleiche Jean Baudrillard diese relativierende Haltung aufgeben und beginnen, sein ganzes philosophisches Universum auf eben jenem Gegensatz von Künstlichkeit und Echtheit aufzubauen. Das Falsche, Nachgemachte, Imitierte sei in unserer Gesellschaft von dem Echten, Originären nicht mehr zu unterscheiden, meint er. In der Theorie der Simulation formuliert er die These, dass diese »die Differenz zwischen ›Wahrem‹ und ›Falschem‹, ›Realem‹ und ›Imaginärem‹ immer wieder in Frage«[4] stelle und damit jenes

Wahre und Reale schlussendlich zum Verschwinden bringe – eine Überzeugung, die im Grunde nichts anderes ist als genau das Moralisieren, das er in seinem ersten Text noch ausdrücklich vermeiden wollte. Baudrillard wird Zeit seines Lebens die Angst umtreiben, dass alles künstlich geworden ist. Damit ist keineswegs nur die dingliche Welt gemeint. Die Befürchtung, dass die ganze Welt zu Plastik wird, zu dem Stoff, mit welchem das Prinzip der billigen Imitation am konsequentesten verfolgt wird, taugt dennoch als Metapher für Baudrillards Perspektive.

Die kulturelle Ambivalenz in Bezug auf die künstlichen Stoffe hat nur wenig mit dem Wissen um die realen Gefahren des Plastiks für Umwelt und Menschen zu tun. Bereits 1947 veröffentlichte die amerikanische Zeitschrift *Collier's* einen Artikel, in dem die neuen Möglichkeiten von Plastik ebenso gepriesen wurden wie recht metaphysisch der Beklemmung darüber Ausdruck verliehen wird, dass der Mensch hier auf gefährliche Weise der Natur ins Handwerk pfusche.[5] Zwar erleichtere Plastik in der Tat das Leben, aber der Umstand, dass Kunststoff einfach überall sei – oft auch unsichtbar –, verursache doch ein gewisses Unbehagen. Die Autorin beklagt vor allem den Umstand, dass es sich beim Plastik um eine fremde Materie handle, die sich fundamental von allen anderen unterscheide. Die Hexerei der Chemiker verwandle natürliche Materialien in etwas Fremdes, und dieses Fremde lasse es einem kalt über den Rücken laufen.

In Zeiten des kulturellen Umbruchs befasst sich auch die Populärkultur mit dem Thema. In dem 1967 gedrehten Film *The Graduate* (dt. *Die Reifeprüfung*) kehrt Benjamin Braddock, gespielt von Dustin Hoffman, vom College nach Hause zurück. Seine Eltern geben gerade eine Party, Benjamin fühlt sich sichtlich unwohl. Da nimmt ihn ein alter Freund der Familie, Mr. McGuire, zur Seite, und es kommt zu folgendem, in die Filmgeschichte eingegangenen Dialog:

Mr. McGuire: »Ich möchte dir nur ein Wort sagen – nur ein Wort.«
Ben: »Ja, Sir.«
Mr. McGuire: »Hörst du auch zu?«
Ben: »Ja, Sir, ich höre.«
Mr. McGuire: »Plastik!«

Ben: »Wie soll ich das verstehen?«
Mr. McGuire: »Plastik ist die Zukunft, mein Junge. Denk drüber nach. Wirst du das tun?«
Ben: »Das werde ich.«
Mr. McGuire: »Shh! Genug der Worte.«

Es gibt verschiedene Deutungen dieser Szene, die offensichtlichste erklärt sie als Ausdruck eines gerade im vollen Gange befindlichen Generationenkonflikts. Hier die Tradition, die vorschlägt, den Weg des geringsten Widerstandes zu gehen, sich anzupassen, einen Job in der Wirtschaft anzunehmen (auch wenn es sich dabei um die für einen jungen Mann wohl unglamouröseste und lächerlichste Sparte handeln mag); dort das Neue, das sich nach etwas ganz anderem sehnt und für das Überkommene nur spöttische Verachtung übrig hat. Aber wenn es nur um diesen einen Aspekt ginge, hätte Mr. McGuire auch jede andere große Industrie erwähnen können. Wenn er ausgerechnet »Plastik« eine große Zukunft verspricht, dann heißt das auch (und das haben in den bewegten Jahren rund um 1968 alle verstanden), dass die Welt in Zukunft noch mehr aus Plastik sein werde, als sie es ohnehin schon ist. Bevölkert von hohlen, leeren *plastic people*, mit oberflächlichen Wünschen und künstlich geweckten Begierden.

Wer was wann als »Plastik« verunglimpft, sagt zuweilen mehr über den aus, der spricht, als über jene, die gemeint sind. Gore Vidal zum Beispiel veröffentlicht 1976 seinen Essay »American Plastic« und rechnet darin mit den damals wichtigsten amerikanischen Autoren ab, an allererster Stelle mit Thomas Pynchon. Vereinfacht dargestellt, lautet der Vorwurf, die Werke dieser Schriftsteller bauten nicht mehr auf der Realität auf, sondern würden »künstlich« hergestellt. Im Grunde verkündet Vidal nichts anderes als seine Abneigung gegen die damals immer mehr um sich greifende Postmoderne, in der Texte sich mit Vorliebe auf andere Texte beziehen und Intertextualität wichtiger ist als eine gute Geschichte.

Doch auch wenn Vidals Verweis auf Plastik ganz anders gemeint ist, so liegt er in Bezug auf Thomas Pynchon nicht ganz daneben. In dessen 1973 erschienenem Opus Magnum *Gravity's Rainbow* (dt. *Die Enden der Parabel*) spielt Plastik tatsächlich eine tragende Rolle. Einer der unzähligen Handlungsstränge dieses mehr als tausend Seiten umfassenden Werkes, das in den Kriegsjahren 1944 und 1945 spielt, handelt von Kunststoff, genauer gesagt vom sagenumwobenen Polymer Imipolex G. Im Roman wurde dieses von einem gewissen L. Jamf für den Konzern I.G. Farben entwickelt und ist angeblich einer der Bestandteile der V 2-Rakete mit der Seriennummer 00000.[6] Wie immer geht bei Pynchon alles durcheinander. Wissenschaftliche Fakten – so erwähnt er Wallace Carothers Erfindung des Nylons für Du Pont – konkurrieren mit ausgesuchtem Nonsens. Laut Pynchon ist Imipolex G. der erste Kunststoff, »der im eigentliche Sinn erektil« ist: »Unter dem Einfluss geeigneter Stimuli werden freie Bindungen aktiviert, die die Molekülketten untereinander vernetzen und die Gesamtbindungsenergie erhöhen: Das Phänomenale Polymer wächst plötzlich über alle bekannten Zustandsdiagramme hinaus, was schlaff war, gummiartig und amorph, versteift sich zu einem erstaunlich perfekten Mosaik von brillanter Transparenz, Härte, Widerstandskraft gegen Wetter, Vakuum, Temperaturen, Stoß und Schlag jeder Art«.[7] Das in der 1970er-Jahren auch im Produktdesign weitverbreitete Material regt jedenfalls die Fantasie an.

Dass Pynchons seltsamer Wissenschaftler L. Jamfs bei I.G. Farben gearbeitet hat, verwundert nicht. Denn wie kaum ein anderes Industriekonglomerat steht dieser Konzern für die Verstrickungen der deutschen Industrie mit den Machthabern des nationalsozialistischen Regimes. Entstanden war die I.G. Farbenindustrie AG 1925 aus dem Zusammenschluss mehrer Firmen. In Frankfurt/Main ansässig, ist sie damals das größte Chemieunternehmen der Welt. Für 400.000 Reichsmark, mit dem sich die I.G. Farben 1933 an einem Wahlfonds für die NSDAP beteiligt, schließt die neue Regierung mit dem Unternehmen noch 1933 einen Vertrag. Die Abnahme von 350.000 Tonnen synthetischem Benzin zum Mindestpreis wird garantiert und so das Unternehmen vor insgesamt 300 Millionen Reichsmark Verlust bewahrt. Von da an wird die Verbindung zwischen dem kunststoffproduzierenden Unternehmen und dem Staat immer enger. Schon 1935 haben ausländische Beobachter erkannt, dass in den deutschen Laboratorien die Vorbereitungen für einen neuen Krieg angelaufen sind. Doch weder Eng-

land noch die USA unternehmen auf dem Sektor der Kunststoffe vergleichbare Anstrengungen wie das NS-Regime. England stellt im Jahr 1939 30.000 Tonnen Kunststoff her, Deutschland 75.000 Tonnen und die um ein Vielfaches größeren USA 125.000 Tonnen.[8] Während des Zweiten Weltkriegs werden die I.G. Farben unersetzlich. Von den 43 Hauptprodukten des Unternehmens sind 28 von rüstungswirtschaftlicher Bedeutung; eine besonders wichtige Rolle spielt dabei ein synthetischer Kautschuk, der sich nach langwierigen Versuchsreihen aus Butadien und Styrol polymerisieren lässt. Das besonders widerstandsfähige und haltbare Material wird »Buna S« getauft und als solches bald auf der ganzen Welt bekannt. Um den enormen Bedarf an Buna S und Benzin zu decken, wird von der I.G. Farben 1941 eine große Bunafabrik in Auschwitz errichtet. Für die Häftlinge, die in der Fabrik Zwangsarbeit leisten müssen, wird das Konzentrationslager Monowitz, Auschwitz III errichtet. Der Anteil der Zwangs- und Sklavenarbeit in den Fabriken der I.G. Farben zur Synthese von Kraftstoffen und Kautschuk in ganz Deutschland steigt von neun Prozent aller Arbeitskräfte im Jahr 1941 bis auf 30 Prozent bei Kriegsende an. 1944 sind ungefähr 300.000 KZ-Insassen in die Zwangsarbeiterprogramme eingebunden. Nach dem Zweiten Weltkrieg werden in den Nürnberger Prozessen 23 leitende Angestellte der I.G. Farben vor Gericht gestellt, davon zwölf zu Gefängnisstrafen verurteilt. »Wie hatte dieses große Industrieunternehmen, die größte Firma Europas, so tief sinken können? Was hatte dieses Konglomerat, das in der chemischen Verfahrenstechnik Weltstandards gesetzt hatte, im Herzen des Auschwitz-Komplexes verloren?«[9] Das fragte sich nicht nur der britische Historiker John Cornwell.
Vielleicht hat es auch mit diesen Verschränkungen der deutschen chemischen Industrie mit der Nazidiktatur zu tun, dass Plastik in den 1970er- und 1980er-Jahren zum Feindbild wird für alle, die dem System kritisch gegenüberstehen. Der in Deutschland geborene Slogan »Jute statt Plastik«, ein Klassiker in Kreisen, die sich für Umweltschutz und Frauenrechte, Frieden und Gerechtigkeit engagieren, drückt dementsprechend auch mehr aus als nur den Wunsch, eine Sorte Tragetasche durch eine andere zu ersetzen. Gegen Plastik zu sein, heißt

Stellung zu beziehen gegen den Imperialismus mit den USA als seinem wichtigsten Protagonisten. Wer Plastik kritisiert, greift die nach dem Zweiten Weltkrieg entstandene Konsumgesellschaft an. Plastik ist auch ein Synonym für die Vereinigten Staaten, wo sich – mit den Worten des Schriftstellers Norman Mailer – Plastik »wie die Metastase einer Krebszelle« durch die Gesellschaft frisst. Spätestens in den 1970er-Jahren wird Plastik zur Chiffre für alles, was hohl, oberflächlich, künstlich und leer ist: Disneyland, Las Vegas, die riesigen Shopping Malls.
Dabei hat Plastik in den Staaten selbst zu der Zeit bereits einen desaströsen Ruf. 1979 startet das Branchenorgan *Modern Plastics* eine Artikelserie, die die Industrie verteidigen soll. Den Versuch, das Image von Plastik in der breiten Öffentlichkeit zu verbessern, werde das Magazin nicht weiter fortsetzen, das habe man aufgegeben, heißt es da. Dieser Text wolle den Lesern nur Fakten bieten, die sie als Munition verwenden können, wenn Freunde und Familienangehörige ihnen wieder einmal vorwürfen, »sie sollten sich schämen, in so einem schrecklichen Business zu arbeiten«.[10]
Doch einer Mode folgt die nächste, einer Angst eine andere. Auf dem Höhepunkt der Plastikphobie bricht die Welle, und eine Gegenbewegung setzt ein. Nach den Hippies kommen die Punks, und spätestens seit den frühen 1980er-Jahren haben alle, die cool sein wollten, mit dem ökologischen Getue nichts mehr am Hut. Wo die Hippies sich noch am liebsten Schurwollpullover überstreifen und von der wahrhaftigen, echten Existenz mitten in unberührter Natur träumen, wird im Gefolge von New Wave das Künstliche wieder schick. Kurz davor ging es in der Popmusik noch um Love, Peace & Harmonie oder »Ein bisschen Frieden«, jetzt wünscht sich die Band Deutsch-Amerikanische Freundschaft »Ein bisschen Krieg«. S.Y.P.H. wollen »Zurück zum Beton«, und die Sängerin von X-Ray Spex kleidet sich nicht nur mit Vorliebe in Latex, sie nennt sich auch Poly Styrene. Die Künstlichkeit von Stoffen wie Plastik oder Neon wird mit so ostentativer Naivität gefeiert, als befände man sich mitten in den 1950ern.
Und heute? In Zeiten von Feinstaubbelastung, dem Abschmelzen der Polkappen, dem Klimawandel und dem Ozonloch ist Plastik kaum

noch ein Thema. Die meisten Verbraucher haben sich mit dem billigen Verpackungsmaterial arrangiert und suchen ihr Heil allenfalls in gewissenhafter Mülltrennung, der »Grüne Punkt« hilft dabei. Darüber, was mit dem angesammelten Konglomerat aus Plastik, Weißblech und Verbundmaterialien weiter passiert, herrscht wenig Klarheit. Vielleicht möchte man auch gar nicht so genau wissen, was aus der Kollektion Miniaturplastikflaschen wird, die vom täglichen Verzehr probiotischer Joghurtdrinks übrigbleibt – eine flauschige Fleece-Decke, neue Joghurtbecher oder eine Rauchwolke über einem Verbrennungsschornstein?

Auch das Verhältnis zum Konsumieren hat sich verändert. Während in den 1970er- und 1980er-Jahren noch all jene, denen an einer intakten Umwelt gelegen ist, dem Konsumterror entfliehen wollten, ist Konsum heute kein Schimpfwort mehr. Im Gegenteil – in noch nie gekanntem Ausmaß sind Einkauf und Verbrauch gerade von »umweltbewussten« Waren zu einem Mittel der Distinktion geworden. »Grüner« Konsum ist in, wer auf der Höhe der Zeit ist, kauft ökologisch und nachhaltig produzierte Produkte. Aber er kauft, und zwar gerne und viel. Umweltschutz soll nicht auf Kosten der eigenen Bequemlichkeit gehen; vielmehr gilt es jetzt die Welt mit dem »richtigen« Konsum zu retten. Wer für Verzicht plädiert, ist bestenfalls ein Vertreter asiatischer Tugenden, in der Regel jedoch altmodisch, fortschritts-, wenn nicht gar genussfeindlich – mit *l'art de vivre* hat eine Einschränkung der eigenen Konsumgewohnheiten jedenfalls nichts zu tun. Und Lebensart ist das Gebot der Stunde.

Auch die relative Indifferenz gegenüber dem Thema Kunststoffe hat etwas mit dem Fortschrittsbegriff zu tun. Zumindest zum Teil dürfte sie darauf zurückzuführen sein, dass Plastik in den letzten beiden Jahrzehnten sein Image verändert hat. Plastik ist nicht nur überall, Plastik ist auch klug geworden. Vor ein paar Jahrzehnten hießen die hipsten Bekleidungskunststoffe Nylon, Polyacryl und Trevira, und die Werbeversprechen klangen ganz ähnlich. Im 21. Jahrhundert sprechen wir selbstverständlich von echten High-Tech-Materialien, von »hochmodernen« Fasern, denen es bravourös gelungen ist, selbst den Gegensatz zwischen Natur und Künstlichkeit im Bewusstsein der Konsumenten zu überwinden – ohne diese Stoffe scheint im Besonderen der Aufenthalt in der Natur kaum mehr möglich. Skifahren, Wandern, Joggen scheinen kaum mehr vorstellbar ohne Gore-Tex, sogenannte Funktionsunterwäsche, spezielle Laufkleidung, die wärmt und kühlt zugleich, ganz nach Bedarf. Die Marketing- und PR-Abteilungen haben ganze Arbeit geleistet.

Und das kulturelle Unbehagen, das frühere Generationen angesichts der künstlichen Materie Plastik noch überfiel? Über den Umweg der Ironie hat vieles von dem, was früher einmal als minderwertig angesehen wurde, wieder in den kulturellen Kreislauf zurückgefunden – auch Kunststoffe. Mutters schrilles Plastikkleid aus den Sechzigern wird wieder getragen, ebenso die Kunstlederhandtasche. Wertschätzung erfährt nicht unbedingt das besonders Schöne und Kostbare, es geht vielmehr um ein popkulturelles Statement. Die Zukunft ist unsicher, die Gegenwart gefährlich, Halt bietet die Vergangenheit: Aus dieser werden quietschbunte Erinnerungsstücke rehabilitiert, aus Kitsch werden Sammlerstücke.

1 Barthes 1964, S. 79
2 ebd., S. 81
3 Baudrillard 1991, S. 51
4 Baudrillard 1978, S. 10
5 vgl. Meikle 1997, S. 127
6 Pynchon 1981, S. 392
7 ebd., S. 1096
8 vgl. Tschimmel 1989, S. 111
9 vgl. Cornwell 2004, S. 417
10 Meikle 1997, S. 242

Plastik ersetzt Plankton

Charles Moore ist ein höflicher, aber bestimmter Mann. Als Schiffskapitän ist er es gewohnt, Leuten Befehle zu erteilen und klar und präzise zu kommunizieren. Wenn ihm eine Aussage nicht passt, dann kann es schon vorkommen, dass er den Interviewer zurechtweist. »Das ist ein dumme Frage. Und Sie sind ja wohl nicht hierher gekommen, um dumme Fragen zu stellen.«[1] Moore ist ein Mann mit einer Mission. Einer, der keine Zeit zu verlieren hat.
Begonnen hatte alles im Jahre 1997.[2] Moore und sein Team nahmen am Transpec Rennen teil, einem Segelwettbewerb, der von Los Angeles nach Hawaii führt. Der Wettkampf war spannend bis zuletzt, Moores Schiff schaffte knapp zwanzig Knoten, und die Mannschaft erreichte am Ende den dritten Platz. Zufrieden machten sie sich auf den Heimweg, und da sie Zeit und Treibstoff genug hatten, beschlossen sie, durch den Nordpazifikwirbel zurück zu ihrem Heimathafen Long Beach in Kalifornien zu schippern. Dieser riesige Wirbel im Pazifischen Ozean liegt ziemlich genau in der Mitte zwischen Hawaii und dem Festland. Normalerweise vermeiden Schiffe diese Route, denn im Wirbel gibt es für die Fischer zu wenig zu fangen und für die Segler zu wenig Wind, um ordentlich voranzukommen. So war Moores Boot, die Alguita, also allein im riesigen Ozean. Aber so einsam sie auch sein mochten und so weit weg sie sich von der Zivilisation auch befanden, Teile dieser Zivilisationen waren stets präsent. Immer, wenn Moore ins Wasser blickte, sah er nicht traumhafte, unberührte Natur, sondern Zahnbürsten, Plastikflaschen, Windeln, Plastiktüten, Baseballkappen und anderen Müll an sich vorbeitreiben.
Der subtropische Wirbel des nordpazifischen Ozeans durchmisst eine weite Strecke des Pazifiks. Das Wasser fließt dort in einer langsamen Spirale im Uhrzeigersinn. Die Winde sind hier schwach, und die Strömung treibt alle schwimmenden Stoffe in das energiearme Zentrum des Wirbels. Hier gibt es nur wenige Inseln, wo das Treibgut angespült werden kann. Folglich bleibt es im Wirbel – und das in erstaunlichen Mengen. Wieder an Land, beginnt Moore seine Erfahrungen mit dem Ozeanografen Curtis Ebbesmeyer auszutauschen, einem der

führenden Experten auf diesem Gebiet. Ebbesmeyer hatte sich zuvor schon mit dem subarktischen Meereswirbel beschäftigt, welcher im Pazifik zwischen Nordamerika und Asien rotiert. Und Ebbesmeyer fand dort das Gleiche vor wie Moore auf seiner Reise, nämlich Müll im Übermaß. Bei seinen Berechnungen der Meeresströme erhielt Ebbesmeyer Unterstützung von unerwarteter Seite.

Es muss ein seltsamer Anblick gewesen sein, als plötzlich 29.000 bunte Plastiktierchen im Meer herumtrieben. Enten, Schildkröten, Frösche und Biber aus Kunststoff begannen in Januar 1992 eine regelrechte Odyssee durch die Weltmeere. Im Pazifik, wo sich der 45. Breitengrad und die Datumsgrenze kreuzen, war ein Frachtschiff in einen Sturm geraten und hatte einen Teil seiner Ladung verloren, die von Hongkong in die USA gebracht werden sollte. Für die Firma mochte das ein Verlust gewesen sein und für die Natur eine Belastung; für alle jene aber, die die Strömungen der Weltmeere erforschen, war es ein Segen. Denn an der Route, die das Spielzeug nahm, war zu erkennen, wie sich der Ozean bewegt, denn am Rande des später so getauften Müllstrudels trieben die Plastiktiere auseinander. Manche wurden in Alaska an Land gespült, andere strandeten an den Küsten von Hawaii, Indonesien und Südamerika, ein Drittel schwamm nach Norden durch die Beringstraße in die Arktis, trieb im Packeis nach Osten und dann in den Atlantik. Elf Jahre später erreichten einige dann doch noch ihr ursprüngliches Ziel: die Vereinigten Staaten. Es war nicht das erste Mal, dass Schiffe ihre Fracht an dieser Stelle verloren. Am 27. Mai 1990 gingen tausend Seemeilen südlich von Alaska fünf Container mit 61.000 Turnschuhen über Bord. Seitdem werden etwa alle drei Jahre Teile dieser verlorenen Ladung an die Strände von Alaska gespült. Nach Berechnungen von Ebbesmeyer bewegt sich der Müll, der in den Strudel gelangt, demnach mit elf Zentimetern pro Sekunde, das entspricht 0,4 km/h in seinem riesigen Kreis.

Charles Moore versuchte die Tragweite seiner Beobachtungen einzuschätzen. Aus Wasserproben errechnete Moore für hundert Quadratmeter Meer eine Menge von ungefähr einem Viertel Kilo Plastikmüll. Er multiplizierte das mit der Größe des Wirbels und kam auf ein anzunehmendes Gewicht von ungefähr 3 Millionen Tonnen Plastik, das tausende Kilometer abseits der Zivilisation herum schwamm. Das entsprach der jährlichen Müllmenge der größten Halde von Los Angeles. Im August 1998 brach Charles Moore erneut zum Müllstrudel auf, um ihn genauer zu untersuchen. Mit einem Schleppnetz fischte seine Crew den Müll aus dem Meer. Und sie bargen Erstaunliches: unter vielem anderen eine Tonne mit giftigen Chemikalien, einen aufblasbaren Volleyball, einen Plastikkleiderhaken, die Bildröhre eines 19-Zoll-Fernsehers und natürlich unzählige Plastikflaschen, Fischernetze und Plastiktüten.

Im Jahr 2006 machte sich das Greenpeace-Schiff Esperanza auf den Weg zu dem Ozeanwirbel. Mit an Bord war Thilo Maack, der Meeresexperte bei Greenpeace. In seinem Online-Tagebuch[3] berichtete er über diese Expedition. Wie in jedem Tagebuch geht es auch bei dieser Mitschrift um das Essen an Bord und wie sich Maack mit den anderen Crewteilnehmern versteht. Aber bald schon treten die persönlichen Probleme in den Hintergrund. Denn noch bevor das Team in See sticht, ist Maack, der wie viele deutsche Bundesbürger unter vierzig mit Mülltrennung und Müllvermeidung aufgewachsen ist, über den Plastikabfall, den er an den Stränden von Nordhawaii findet, entsetzt. Am 27. Oktober 2006 protokolliert er: »Mit insgesamt zwanzig Leuten haben wir ein Strandstück von gut 500 Metern Länge in vier Stunden nicht mal annähernd reinigen können. In dem immer größer werdenden Müllhaufen steckten: Fischernetze, Fischerbojen, Fischfallen, Golfbälle, Feuerzeuge, Plastikflaschen, Schraubverschlüsse, Zahnbürsten, Bauarbeiterhelme, Kanister, Plastikdosen, Bierkisten, Blumentöpfe, Schilder, Plastikgabeln, Plastiklöffel, Elektrosicherungen, Eimer, Styroporboxen, Kabeltrommeln, Regenschirmgriffe, Plastikteller, Plastikschnüre, Plastikdeckel, Einmalrasierer, CD-Hüllen, Spülbürsten ... – und seid euch sicher, ich kann die Liste noch beliebig verlängern.« Fünf Tage später nähert sich die Esperanza dem Müllstrudel, und Thilo Maack notiert: »Wir lassen für mehrere Stunden täglich Schlauchboote zu Wasser, um diesen Müll von der Meeresoberfläche abzusammeln. Ähnlich wie am Strand von Hawaii treibt buchstäblich alles an uns vorbei, was aus dem langlebigen Plastik hergestellt wird. Heute morgen zum Beispiel ein weißer Bauarbeiterhelm.«

Anfang 2008 wurde die Dimension des Müllstrudels, bekannt als »Great Pacific Garbage Patch«, auf die Größe von Texas oder gar Mitteleuropa hochgerechnet. Einige Wissenschaftler warnen jedoch vor spektakulären Vergleichen dieser Art – die Verschmutzung der Meere sei auch ohne aus dem Weltall sichtbaren Plastikteppich gefährliche Realität, und reißerische Medienberichte könnten sich auf eine seriöse Auseinandersetzung mit der Problematik sogar negativ auswirken. Denn neuerdings häufen sich Medienberichte über die zuweilen irreführend »Kontinent aus Plastikmüll« genannte Kunststoffanhäufung im Meer.

Und immer mehr Umweltschützer wollen sich vor Ort selbst ein Bild machen. Einer von ihnen (und der wohl hipste) ist David de Rothschild, Extremsportler und Spross der berühmten britischen Bankiersfamilie. Er baute aus 12.500 ausgedienten Plastikflaschen und anderem PET-Abfall einen 18 Meter langen Katamaran namens Plastiki – in Anlehnung an die Kon-Tiki, das Floß aus Balsaholz, mit dem der Norweger Thor Heyerdal 1947 von Peru aus über den Pazifik segelte. Ganz so abenteuerlich ging es bei Rothschild nicht zu. Das »segelnde Mahnmal« gegen die Vermüllung wurde begleitet von einem Kamerateam, ohne das der Zweck der Übung nicht erfüllt worden wäre. Denn diese PR-Tour sollte dem etwas öden Thema Umweltschutz mehr Attraktivität verleihen.

Aufmerksamkeit hat es verdient. Allein in den USA werden jährlich gut 6,8 Millionen Tonnen Plastik produziert, aber nur rund 450.000 Tonnen recycelt – das sind weniger als sieben Prozent. Angelicque White von der Oregon State University, spezialisiert auf die Ökologie der Ozeane, konstatierte 2011, dass der Müllstrudel nicht größer geworden sei. Allerdings fügte sie auch hinzu: »Liegt es daran, dass wir tatsächlich weniger Plastik in die Meere gelangen lassen? Oder sinkt mehr Kunststoff ab nach unten? Oder wird er nur schneller zermahlen? Das wissen wir einfach nicht.«[5]

Das an der Oberfläche schwimmende Plastik ist zwar am leichtesten auszumachen und stört das ästhetische Empfinden der Menschen am nachhaltigsten, es stellt aber nur die Spitze des Müllberges dar. Dabei ist die Vorstellung, dass da ein Müllgebirge im Wasser treibe, nicht wirklich passend, meint Kapitän Charles Moore. Die wahre Katastrophe spiele sich unter der Oberfläche ab. Etwa siebzig Prozent des gesamten Plastikabfalls sinken auf den Meeresgrund ab. Nach einer Studie aus dem Jahr 2000 variiert die Anzahl der Plastikpartikel am Meeresboden sehr stark; die höchste Dichte wurde vor der südöstlichen Küste Frankreichs gefunden (101.000 Partikel pro Quadratkilometer).[6]

Menschen haben immer schon Abfälle ins Meer gekippt. Speisereste, Holz, Glas, Metall oder Papier. Unschön zwar, aber das meiste wurde über kurz oder lang durch Mikroorganismen abgebaut. Mit der Erfindung von Stoffen jedoch, die praktisch unverrottbar sind, weil keine Bakterien ihnen etwas anhaben können, hat sich die Problematik verschärft. Durch die Einwirkung von Sonne, Wasser, Steinen und Wellenbewegungen wird der Plastikmüll in immer kleinere Teilchen zermahlen, bis nur noch eine Art Pulver übrig ist. Eine einzige Ein-Liter-Trinkflasche zerfällt in so viele Fragmente, dass man auf jeden Kilometer Strand weltweit ein Stückchen davon verteilen könnte. Auch jene Gebiete, die bislang noch als unberührt galten, wie zum Beispiel die Antarktis, werden erreicht und verschmutzt von der gigantischen Müllschleuder, so Charles Moore.

Der subtropische Wirbel nun ist ein Ort, an dem es kaum Nahrung für Lebewesen gibt, weswegen die Gegend von kommerziell verwertbaren Tieren wie dem Thunfisch gemieden wird. Und aus dem gleichen Grund meiden auch die Fischer diese Gegend. Was es dort aber gibt, sind sogenannte Filtrierer. Das sind winzige Tierchen, die ihre Nahrung, das Phytoplankton, aus vorbeiströmendem Wasser herausfiltern. Dieses Plankton entsteht jeden Tag durch das Sonnenlicht an der Oberfläche des Wassers und wird jeden Tag von den kleinen Tierchen aufgenommen.

Wenn aber das Plastik vom Plankton nicht mehr unterscheidbar ist, ja mehr noch, wenn es mittlerweile in diesem Gebiet mehr Plastik als Plankton gibt, dann passiert Folgendes: Die Filtrierer ziehen aus dem Wasser statt dem Plankton die winzigen Plastikmoleküle, und so gelangt das Plastik in die Nahrungskette. Moore, der seit seiner Entdeckung mehrere Expeditionen zu dem Müllstrudel unternommen hat,

hat ausgerechnet, dass dort 1998 mehr als sechsmal so viel Plastik im Meer trieb wie Plankton. Und das war vor fünfzehn Jahren. Erschwerend kommt hinzu, dass sich in diesen Plastikteilchen die verschiedensten giftigen Substanzen anreichern. Das krebserregende Insektizid Dichlordiphenyltrichlorethan, besser bekannt unter der Bezeichnung DDT, wird von den Plastikpolymeren ebenso aufgesaugt wie die ebenfalls mit größter Wahrscheinlichkeit krebserregenden Polychlorierten Biphenyle (PCB). Das hat zur Folge, dass die Konzentration einzelner Giftstoffe in dem Plastikpulver bis zu eine Million Mal höher ist als im umgebenden Wasser, wie der Umweltchemiker Hideshige Takada von der Universität Tokyo herausgefunden hat.

Die Meeresschutzorganisation Oceana schätzt, dass weltweit jede Stunde rund 675 Tonnen Müll direkt ins Meer geworfen werden, die Hälfte davon aus Plastik. Der so ökologisch klingende Begriff »Recycling«, die Wiedereinführung von Stoffen in einen Materialkreislauf, erhält damit eine ungewohnte und eher beunruhigende Bedeutung: Der Plastikmüll, der im Meer landet, wird dort zu feinem Pulver zermahlen. Mit allerlei Umweltgiften kombiniert, wird er dann von den kleinen Filtrierern aus dem Meer gesaugt; die winzigen Plastikteilchen, die sich am Strand befinden, werden ihrerseits von Wattwürmern, Sandflöhen und Entenmuscheln gefressen, wie der britische Biologe Richard Thompson beobachtet hat. Das Plastik und die damit aufgenommenen Umweltgifte können von den Tieren nicht ausgeschieden werden, und indem diese von höher entwickelten Lebewesen gefressen werden, wandern die Gifte langsam die Nahrungskette hinauf, bis sie schließlich wieder beim Menschen angelangt sind. Oder, um es mit den Worten von Charles Moore zu sagen: »Wir stehen nun vor folgender Situation. Unser Müll mutierte zu kleinen Giftpillen, die in das maritime System eindringen. Ein Tier frisst das andere, und am Schluss landet unser Abfall, angereichert mit den verschiedensten Industriegiften, wieder auf unseren Tellern.«

Für die Menschen mögen die giftigen Stoffe im Plastik fürs Erste nur eine mittelbare Gefahr darstellen. Die Gesundheitsschädigung geht schleichend und unbemerkt vonstatten. Das Leben der Tiere aber, die in oder von den Ozeanen leben, wird durch das Plastik ganz unmittelbar bedroht. Auf den Midway Islands zum Beispiel nisten mehr als zwei Millionen Albatrosse. Doch jedes Jahr sterben etwa ein Drittel der Jungvögel, weil sie von ihren Eltern versehentlich mit Plastikabfällen gefüttert werden. »Die Vogeleltern fliegen den Nordpazifik entlang und picken den auf der Wasseroberfläche treibenden Plastikunrat auf«, erzählt die Zoologin Theo Colborn. »Die Tiere können das Plastik nicht von richtiger Nahrung unterscheiden und bringen es ihren Babies. Die fressen das, der Müll durchlöchert die Bauchdecke, und die Albatrosküken sterben«.[7] Fast jeder, der sich mit Biologie beschäftigt, kann Horrorgeschichten über an Plastik elend zu Grunde gegangene Tiere erzählen. Über Albatrosse und Möwen, die sich in Plastiknetzen verheddern und sterben; über Seeotter, die an den Plastikringen von Dosen-Sixpacks ersticken; über Meeresschildkröten, die Einkaufstüten verschlingen, weil sie diese mit Quallen verwechseln. Das Tier, das am besten als Symbol tauge für die weltweite Verschmutzung durch Plastik, sei jedoch der Laysan-Albatros, so Charles Moore. Der Vogel lebt in einer fast unbesiedelten Gegend rund um die nordwestlichen Hawaii Inseln. Bei der Obduktion eines toten Exemplars fand Kapitän Moore in seinem Bauch allerlei Verschlüsse von Plastikflaschen und anderes kleines Zeug; das Tier hatte die Teile mit Futter verwechselt und so viel davon gefressen, bis es daran starb.

In einer Studie an 600 toten Eissturmvögeln, die an die Küsten der Nordsee geschwemmt worden waren, hat das niederländische Forschungsinstitut Alterra herausgefunden, dass über 95 Prozent von ihnen unverdauliche Abfälle gefressen hatten, durchschnittlich 44 Teilchen pro Tier. Zwar lasse sich nicht in jedem Fall feststellen, ob der Müll die Tiere direkt umgebracht habe, erklärt Biologe Richard Thompson, doch sicher sei: »Die Plastikteile erschweren die Verdauung, können zu Darmverschlüssen führen und Giftstoffe an den Körper abgeben.«[8]

Die Situation in den Weltmeeren macht deutlich, dass es mit Plastik ein besonderes Problem gibt: Seit circa sechzig Jahren wird es in großen Mengen an die Umwelt abgegeben. Wie viel davon unterwegs ist und auch noch einige hundert Jahre in beschriebener Weise unterwegs sein wird, ohne dass wir das noch beeinflussen könnten, kann keiner so genau sagen. Untersuchungen dazu gibt es erst seit kurzer Zeit, nur eines steht fest: Die Verschmutzung geht weiter. Wir befinden uns in einem Selbstversuch, dessen Parameter wir auf die Schnelle nicht ändern können. Denn selbst wenn die Menschheit morgen aufhören sollte, Plastik zu produzieren – die vielen Millionen Tonnen, die bislang in die Ozeane gelangt sind, werden noch Jahrhunderte bis Jahrtausende mit den Strömungen um den Globus treiben. Das Zeug rauszufiltern ist schier unmöglich.

Nachdem der Film *Plastic Planet* in den österreichischen Kinos angelaufen war, sah sich die Interessenvereinigung der Europäischen Plastikhersteller PlasticsEurope veranlasst, ein »Informationspaket« an alle Mitglieder auszusenden. Ziel der Broschüre ist es, die Mitarbeiter mit Informationen auszurüsten, um den im Film erhobenen Vorwürfen besser begegnen zu können. Man schätze in der Tat, dass heute in Gegenden wie dem des Müllstrudels etwa 18.000 Plastikteile pro Quadratkilometer trieben – und interpretiert das als »offenkundiges Zeichen eines tiefgehenden gesellschaftlichen Problems«.[9] Und dass 83 Prozent des Abfalls im Meer aus Plastik sei, dürfe nicht verwundern, weil schließlich alle anderen Materialen »sich entweder auflösen oder versinken, wenn sie ins Meer oder in einen Fluss gelangt sind«. Eigentlich ganz einfach. Eine Studie der UNO hat ergeben, dass über achtzig Prozent des Mülls im Meer und an den Stränden an Land entsteht – von Menschen, die ihren Abfall nicht entsorgen und ihn deshalb lieber ins Wasser werfen, und Industrien, die das Gleiche tun. Zwanzig Prozent des Abfalls kommt von Schiffen. Die Besatzung kippt ganz einfach alles, was sie nicht mehr benötigt, über Bord.

Wozu das alles führt, erlebte der brasilianische Fotograf Fabiano Prado Barretto im Jahre 2001. Während des Karnevals wanderte er in vier Tagen 86 Kilometer den Strand an der Nordküste Bahias, der Costa dos Coqueiros, entlang. Auch dort, wo sich keine Menschen aufhielten, waren die Strände voller Müll. »Ich stellte fest, dass die Verpackungen aus 26 verschiedenen Ländern stammten, wobei die USA mit zehn Verpackungen, Südafrika mit neun und Deutschland mit acht die am stärksten an den Stränden Bahias repräsentierten Länder waren. Der restliche Müll kam aus den verschiedensten Ländern aller Kontinente der Erde, so z.B. aus Indonesien, Argentinien, Kanada, Spanien, Indien, Finnland, Thailand, Südkorea und Zypern. Bei 88 der insgesamt 94 Verpackungen gelang es mir, das Herkunftsland zu identifizieren.«[10] Die am häufigsten gefundenen Verpackungen waren Mineralwasserflaschen aus Plastik (21) und Milchtüten (13). Außerdem kamen vor: Insektizide, Safttüten, Reinigungsprodukte und Kosmetikartikel, Schreibwaren, Erfrischungsgetränke und diverse Lebensmittel. Auch wurden 1.647 Leuchtstoffröhren gefunden, deren Ursprung mangels Aufschrift nicht identifiziert werden konnte. Keiner weiß, warum der globalisierte Müll gerade an diesem kleinen Strandabschnitt angeschwemmt wird. Aber jeder weiß, dass es strengstens verboten ist, vor der brasilianischen Küste Müll ins Meer zu werfen. Wer es innerhalb eines Küstengürtels von 200 Seemeilen dennoch tut, begeht eine Straftat, die mit einer Geldstrafe von bis zu 25 Millionen Euro geahndet wird. Eine ausreichende Drohung, sollte man meinen. Doch die Täter zu überführen, ist fast unmöglich.

Zu sagen, es seien immer nur die anderen schuld an der Verschmutzung – je nach Blickwinkel die rücksichtslosen Touristen oder die ignoranten Ortsansässigen –, wird dem Problem nicht gerecht. In der Regel sind, zu regional unterschiedlichen Anteilen, alle daran beteiligt. Ob Strandbesucher, Fischer oder Otto Normalverbraucher: Es ist nun mal so herrlich unkompliziert, das Meer als großen Müllschlucker zu benutzen.

Auf der Erde gibt es wohl keinen Strand mehr, auf dem sich neben Seetang, Kieselsteinen, Muscheln und hin und wieder einem vergessenen Plastikeimerchen nicht auch Verpackungen, Plastiktüten, Wattestäbchen, PET-Flaschen, Bierdosen, zerfetzte Luftballons, Trinkhalme und Styroporteile fänden. Wenn der Tourist genauer hinsieht, wird er auch zylinderförmige kleine Stückchen Plastik finden, meist blau, rot oder grün, nur vielleicht zwei Millimeter groß. Dabei handelt es sich um die sogenannten Pellets, die als Rohmaterial für die Herstellung von Plastikobjekten dienen. Was sich unter nackten Füßen so angenehm rau und natürlich anfühlt, besteht zum Teil also aus Kunststoff. Jedes Jahr werden schätzungsweise 5,5 Billiarden dieser Pellets produziert, und auch sie gelangen direkt ins Meer. Manchmal geht ein Container mit diesen winzigen Vorprodukten über Bord. Ein einziger 20-Tonnen-Behälter fasst 50 Milliarden Pellets. Wenn diese ins Wasser gelangen, dann findet man sie auf sehr, sehr vielen Stränden. Aber auch Plastikfabriken kippen diesen Grundstoff mitunter ganz einfach ins Abwasser wie die Informationsbroschüre von PlasticsEurope einräumt.

Was kann gegen die zunehmende Vermüllung getan werden? Solange Kunststoff weiterhin im Meer landet, hilft nur Aufräumen – wobei das nur die größeren Teile betreffen kann. Es gibt immer wieder Kampagnen und Versuche, die Strände und die Meere vom Müll zu befreien. 2004 riefen Schweden, Dänemark, die Niederlande und Großbritannien die Initiative »Fishing for Litter« ins Leben. Die Idee dahinter ist simpel. Die Fischereiindustrie soll den Müll, den sie in ihren Netzen findet, nicht einfach dorthin zurückschmeißen, wo sie ihn herausfischt, sondern korrekt entsorgen – auch wenn sie ihn nicht selbst verursacht hat.

Und immer wieder begegnet man auch in der Presse Geschichten von großen Strandaufräumaktionen. 2008 zum Beispiel wurden in Mallorca 150 Tonnen Müll von den Stränden geholt. Auf Tsushima, der japanischen »Island of Nature« wird jedes Jahr ein regelrechtes Clean-Up-Event organisiert. An dieser eigentlich wunderschönen Insel sammelt sich der Plastikmüll von Schiffen und der Küste Koreas. 200 koreanische Studenten und 100 japanische Freiwillige sagen jährlich dem Plastik den Kampf an. In zwei Tagen füllen sie 120 Lastwagen – eine ordentliche Ausbeute.

Aber in welchem Verhältnis steht das zu den Mengen an Müll, der zur gleichen Zeit wieder in die Meere gekippt wird? Angesichts der Tatsache, dass allein die Nordsee jährlich 20.000 Tonnen aufnehmen muss[11], handelt es sich bei solchen Veranstaltungen doch eher um symbolische Aktionen. Und eine ganz andere, aber wesentliche Frage wird bei der Berichterstattung über solche Aufräumaktionen meist ausgeblendet, nämlich: Wohin mit dem ganzen Müll? Auf der Island of Nature in Japan spielt sich dann auch jedes Jahr das gleiche Drama ab. Niemand will den eingesammelten Abfall haben. Es ist einfach zuviel für die Deponie der Insel. Letztlich wirkt sich das gemeinschaftliche Müllsammeln kaum aus; lediglich die Beteiligten, die mit dem Ausmaß der Verschmutzung direkt konfrontiert werden, dürften das Erlebte in bleibender Erinnerung behalten – und daraufhin vielleicht eine andere Haltung zum Thema Müllvermeidung entwickeln.

1 Charles Moore im Interview mit den Autoren
2 vgl. Charles Moore: »Across the Pacific Ocean. Plastics, Plastics, Everywhere«, in: *Natural History* v. 112, Nr. 9, November 2003
3 vgl. Beate Steffens, »Bordtagebuch: zum Müllstrudel im Nord-Pazifik«, Greenpeace Deutschland, www.greenpeace.de/themen/meere/kampagnen/sos_weltmeer/tour/artikel/bortagebuch_zum_muellstrudel_im_nord_pazifik (Stand: 9.1.2014)
4 Stefan Schultz, »Das Müll-Traumschiff«, *SPIEGEL Online*, 14.4.2009, www.spiegel.de/reise/aktuell/0,1518,615091,00.html (Stand: 9.1.2014)
5 Angelicque White, »Oceanic ›garbage patch‹ not nearly as big as portrayed in media«, Homepage Oregon State University, http://oregonstate.edu/urm/ncs/archives/2011/jan/oceanic-%E2%80%9Cgarbage-patch%E2%80%9D-not-nearly-big-portrayed-media (Stand: 9.1.2014)
6 vgl. F. Galgani et al., »Litter on the sea floor along European coasts«, in: *Marine Pollution Bulletin 40* (6), 2000, S. 516-527
7 Theo Colborn im Interview mit den Autoren
8 Samiha Shafy, »Das Müll-Karussell«, *SPIEGEL Online*, 2.2.2008, www.spiegel.de/spiegel/0,1518,533229,00.html (Stand: 9.1.2014)
9 alle Zahlen und Zitate aus: »›Plastic Planet‹ Informationspaket«, hg. v. PlasticsEurope, 10.9.2009
10 »Lokaler Strand – Globaler Müll«, Homepage Lighthouse Foundation – Stiftung für die Meere und Ozeane, www.lighthouse-foundation.org/index.php?id=61 (Stand: 9.1.2014)
11 Auskunft Umweltbundesamt 2009

Plastik wird vergraben

Die Diskussion über Müll am Strand dreht sich fast ausschließlich darum, dass Touristen, Fischer, Kreuzfahrtschiffe und Einheimische ihren Abfall doch einfach korrekt entsorgen sollen. Würden sie brav das Plastik in die dafür vorgesehen Behälter werfen, dann wäre alles gut, so die schlichte Botschaft, die auch die Plastiklobby gerne verkündet. Aber ist das so? Nur weil Abfall im richtigen Eimer landet, ist er noch lange nicht verschwunden. Irgendwo muss der ganze Zivilisationsmüll hin.

Nehmen wir zum Beispiel die Malediven, die als eine der schönsten Inselgruppen der Welt gelten. Meist fällt im Zusammenhang mit den 1190 Inseln, von denen 220 von Einheimischen bewohnt und 87 weitere für touristische Zwecke genutzt werden, der Begriff »Paradies«. Zur Beschreibung der Schönheit werden gerne Adjektive wie »traumhaft« und »einzigartig« verwendet; auf Urlaubspostkarten von den Malediven wird in der Regel enthusiastisch von Sandstrand, Palmen, türkisblauem Meer, Sonne und einem herrlichen Hausriff usw. berichtet. Was nur die wenigsten wissen: 6,8 Kilometer westlich der Hauptstadt Malé liegt im Süden zwischen Giraavaru and Gulhifalhu die künstlich angelegte Insel Thilafushi, die im Dezember 1991 als positives Beispiel in Sachen Umweltschutz geplant wurde. Denn noch immer wird auf den allermeisten Inseln auf den Malediven der Müll direkt ins Meer »entsorgt«. Jetzt kommt der Müll aus der Hauptstadt Malé sowie von einigen nahe gelegenen Inseln nach Thilafushi. Ist doch eine gute Lösung, oder? Ja und nein. Nun schwimmt der Dreck zwar nicht mehr im Meer. Dafür ist Thilafushi mittlerweile zur größten Müllinsel der Welt geworden.[1]

Der Tourismus hat die Malediven zu einem der reichsten Länder Südasiens werden lassen. Auf 4.500 US-Dollar wird das Bruttoinlandsprodukt pro Kopf geschätzt. Dieser relative Wohlstand hat eine Schattenseite: Jeder der Geld bringenden Touristen benötigt durchschnittlich 500 Liter Wasser pro Tag und hinterlässt 3,5 Kilogramm Müll. So sind es ganze 330 Tonnen Abfall, die täglich nach Thilafushi gebracht werden. Ein kleiner Teil wird verbrannt, der Rest verbuddelt.

Die Insel wächst täglich um einen Quadratmeter. Der Fuhrpark hat sich in den letzten Jahren auf drei Landungsboote, zwanzig LKWs, sechs Bagger, vier Radlader, eine Müllpresse und einen Bulldozer vervielfacht. Die Müllinsel ist nicht nur hässlich, sie wird auch zunehmend zu einer Belastung für die umgebende Natur. Neben Plastikmüll und Bauschutt werden auf Thilafushi mehr und mehr Giftstoffe abgelagert. Der Müll wird nicht sortiert, sondern gepresst und verdichtet, so wie er ankommt. Das Asbest des Bausschutts ebenso wie Blei, Cadmium und Quecksilber der Batterien werden nach und nach ausgewaschen und gelangen so ins Wasser, dort in die Fische und über diesen Umweg wieder auf die Teller der Touristen.

An den Malediven lässt sich das Dilemma prototypisch aufzeigen. Jede vermeintliche Lösung des Problems zieht neue Komplikationen nach sich. Den Mist einfach ins Meer zu kippen, ist nicht so toll. Ganze Inseln damit zuzumüllen auch nicht. Und verbrennen? Das wird ebenfalls bereits getan, mit dem Ergebnis, dass der Wind giftige Gase in Richtung der Touristenzentren bläst.

Man muss sich jedoch gar nicht in den indischen Ozean begeben, um zu sehen, wie die Müllberge in den Himmel wachsen. 2008 gingen die Bilder von der im Müll erstickenden Stadt Neapel um die Welt. Das Problem ist nicht neu. Seit mindestens 15 Jahren schon wird die Region des Mülls ganz einfach nicht mehr Herr. Der italienische Journalist Roberto Saviano beschreibt es in seinem Buch *Gomorrha*: »Mülldeponien können den Wirtschaftskreislauf am besten veranschaulichen. Auf ihnen sammelt sich an, was der Konsum hinterlassen hat, und das ist mehr als nur der Rest dessen, was einmal produziert wurde. Der Süden ist Endstation sämtlicher giftiger Abfälle sämtlicher wertloser Überbleibsel, sämtlicher Rückstände aus der Produktion.«[2] Das Hinterland von Neapel sei mit Müll förmlich zugepflastert, so Saviano. Zu einem großen Teil handelt es sich dabei um illegalen Giftmüll, vergraben von der Camorra, die riesige Summen für seine Entsorgung kassiert. Aber oft ist es auch nur der ganz normale, legale Abfall, der die Stadt überschwemmt. »Während die Clans mühelos Areale für die Müllentsorgung fanden, schaffen es die kommunalen Verwaltungen in der Region Kampanien nach zehn

Jahren unter kommissarischer Verwaltung wegen camorristischer Unterwanderung nicht, ihren Abfall zu entsorgen. In Kampanien lagerte illegal der Müll aus ganz Italien, doch der kampanische Müll wurde nach Deutschland verbracht – zu einem Preis, der fünfzigmal höher lag als der, den die Camorra von ihren Kunden verlangte.«[3]
Die Stadtverwaltung, die dem Problem mit realen Mitteln nicht beizukommen weiß, weicht daraufhin aus auf die Ebene der Worte, schließlich ist alles nur eine Frage der Öffentlichkeitsarbeit. Der Begriff »Ecoballe« wird kreiert, auf Deutsch »Ökoballen«. Was nach Sauberkeit und Umweltverträglichkeit klingt, hat mit beidem allerdings rein gar nichts zu tun. Denn die sogenannten Ökoballen sind nichts anderes als komprimierter Müll, in weiße Plastikplanen zu riesigen Paketen verschnürt. Wo diese deponiert werden, spielt eine untergeordnete Rolle, schließlich sehen sie nicht so häßlich aus wie unverpackter Abfall. In letzter Konsequenz profitiert wieder nur das organisierte Verbrechen von dieser Art der Müllentsorgung: Irgendwo muss der Mist ja hin, und so mietet die Regierung von der Camorra zu überhöhten Preisen Land an. Dort werden die »Ökoballen« dann zu riesigen Haufen geschichtet – ein Vorratslager der besonderen Art.
Seit Kurzem hört man gelegentlich das Kunstwort »Nimby«. Es steht für »not in my backyard«, was ungefähr so viel heißt wie »nicht hinter meinem Haus«, und bezeichnet Menschen einer bestimmten Geisteshaltung. Was Probleme verursacht oder verursachen könnte, lehnen sie nicht unbedingt ab, nur wollen sie es keinesfalls in ihrer unmittelbaren Umgebung haben. Ob es um Atomkraftwerke, Mobilfunkmasten oder Mülldeponien geht: Ein Nimby möchte die Vorteile moderner Technologie zwar nutzen, im eigenen Umfeld aber keine daraus entstehenden Nachteile in Kauf nehmen.
Der aus den USA stammende Begriff beschreibt im Grunde genommen also unser aller Einstellung in Bezug auf die Hervorbringungen der modernen Industriegesellschaft. Den Müll produzieren wir, aber gelagert oder verbrannt werden soll er doch bitte anderswo, und zwar völlig unabhängig davon, wie lange er braucht, um zu verrotten, ob er giftig ist oder nicht. Klar, dass wir keine Plastikflaschen oder Plastiktüten in unserem Garten liegen haben wollen, die im Gegen-

satz zu einem Komposthaufen über Jahrhunderte nicht abgebaut werden. Zumal der Berg allein aus unserem eigenen Haushalt täglich beträchtlich angefüllt würde. Und noch klarer, dass wir keinen Giftmüll dort haben wollen, der auch noch den Boden und das Grundwasser verpestet. Wir wären aber auch alles andere als begeistert, wenn in unserer Nachbarschaft eine Mülldeponie bzw. -verbrennungsanlage gebaut werde sollte, die bestimmten ökologischen Vorgaben entspräche – die sollte dann doch lieber an einem Ort errichtet werden, wo die Anwohner auf das Geld und die Arbeitsplätze eines so wenig attraktiven Unternehmens angewiesen sind. Je mächtiger die Bürger eines Landstriches sind, über je mehr politisches und finanzielles Kapital sie verfügen, desto unberührter bleibt die Natur in ihrer Umgebung. Für sie werden die unschönen Nebenprodukte fröhlichen Konsumierens in dem Moment unsichtbar und damit quasi inexistent, in dem der Müll abtransportiert wird.

In Mitteleuopa befinden sich in der Regel auch die Normalbürger in dieser vergleichsweise luxuriösen Situation. Sie müssen ihren Hausmüll nicht selber irgendwie verschwinden lassen, sondern nur auf eine oder mehrere Sammeltonnen bzw. -säcke verteilen. Auf etwas höhere Anforderungen, wie die umweltgerechte Entsorgung von quecksilberhaltigen Batterien, kaputten Elektrogeräten und ähnlichem Zivilisationsmüll an speziellen Sammelstellen reagieren manche bereits überfordert.

Obwohl also jeder Einzelne Müll produziert, leben doch nur wenige von uns neben einer legalen oder illegalen Müllhalde. Die umweltschädlichen Industrien und Müllhalden siedeln sich in wirtschaftlich schwächeren Regionen an, wo keine wohlhabenden Einwohner genau das zu verhindern wissen. Die Gegend um Neapel, Kampanien, ist ein Beispiel für eine solche Region. Aber auch dort gehen die Leute inzwischen auf die Barrikaden. Jedes Mal, wenn eine Mülldeponie eröffnet werden soll, sind Tausende zur Stelle, um sich zu wehren. Mit Recht befürchten sie, dass dort nicht nur der normale Müll verscharrt werden soll, sondern auch nicht deklarierter Giftmüll, durch welchen der Boden rund um Neapel mittlerweile durch und durch vergiftet ist; das Gebiet ist eine einzige Megamüllhalde. Eine Sanierung des

Bodens hat nie stattgefunden. Durch Gase, die sich in der Erde bilden und dann durch die Wasserkanäle wandern, explodieren immer wieder Grundwasserbrunnen. »Als Erstes starben die Schafe«, erzählt die Regisseurin Andrea D'Ambrosio, die in ihrer Dokumentation *Biutiful Cauntri* den Müllwahnsinn untersucht hat.[4] Ihre Milch ist voller Dioxin, Missbildungen sind die Folge. Ganze Herden werden umgebracht, weil die Tiere nichts anderes mehr sind als Sondermüll – wenn ihr Fleisch und die aus der Milch hergestellten Produkte nicht in den Export gehen. Politik und Medien schweigen zu dem Thema, wer – wie D'Ambrosio – sich der Hintergründe der Problematik annimmt, gilt als Nestbeschmutzer in Kampanien.

Und seltsamerweise scheinen die Bosse der Clans eine Ausnahme zu bilden, was das Prinzip *not in my backyard* angeht: Sie kümmert es nicht, dass sie durch ihre Geschäfte den Boden im Umkreis ihrer eigenen Villen vergiften. »Das Leben eines Bosses ist kurz«, versucht Roberto Saviano eine Antwort. »Die Macht eines Clans zwischen Bandenkriegen, Verhaftungen, Massakern und lebenslangen Freiheitsstrafen ist ebenfalls nicht von Dauer. Ein ganzes Territorium im Giftmüll ersticken zu lassen und in der Nähe von Wohngebieten Gebirgsketten aus kontaminiertem Abfall aufzutürmen, wird nur für denjenigen zum Problem, dessen Macht auf Dauer angelegt ist, und der soziale Verantwortung kennt.«[5]

Plastik kann nicht für das Treiben der organisierten Kriminalität und das Versagen der Politik in Italien verantwortlich gemacht werden. Ebenso wenig trägt Plastik die alleinige Schuld am Müllberg. Aber die Kunststoffe spielen eine wesentliche Rolle in der Müllproblematik. So betrug das Aufkommen an kunststoffreichen Verbrauchsabfällen in den EU25-Ländern sowie Norwegen und der Schweiz allein im Jahr 2005 rund 22 Millionen Tonnen. Und ebenso klar ist, dass eine Vielzahl der giftigen Müllabfälle von der chemischen Industrie herrühren, wo sie nicht zuletzt bei der Herstellung des chemischen Produkts Plastik anfallen.

Giftmüll wird außerdem keineswegs nur da illegal entsorgt, wo mafiose Strukturen die staatliche Macht abgelöst haben. So berichtete die Schweizer Nachrichtenseite *swissinfo.ch* im Januar 2004, dass alleine

in der Schweiz 3.000 verseuchte Deponien auf ihre Sanierung warten.[6]
Die Orte Bonfol im Kanton Jura und Kölliken im Kanton Aargau sind zum Schweizer Synonym für die Umweltsünden der Industrie geworden. In Bonfol haben die Basler Chemiekonzerne zwischen 1961 und 1976 ganze 114.000 Tonnen chemische Lösungsmittel, Pestizide, Farbstoffe sowie abgelaufene Arznei- und Reinigungsmittel deponiert. Um diese zu entfernen, brauche es mindestens vier Jahre und 280 Millionen Franken, schreibt *swissinfo.ch*.[7] In Kölliken wird die Eliminierung von 560.000 Tonnen Giftmüll aus dem Industrie-Dreieck Zürich, Aargau, Basel sechs Jahre dauern und 400 Millionen Franken kosten. Aber das Geld ist nur ein Problem. Die wesentlich wichtigere Frage lautet: Wohin denn mit all dem Zeug? Denn einfach entfernen im Sinne von komplett »eliminieren« lassen sich die Stoffe nicht, allenfalls umdeponieren; auch wenn man sie ins All schösse, blieben sie doch existent. So weit geht man bisher nicht. Dass der Schweizer Giftmüll nach Deutschland transportiert wird, wo er teils verbrannt, teils erneut irgendwo deponiert wird, ist nicht unwahrscheinlich.

Überhaupt scheint das Gift aller Länder früher oder später in Deutschland landen zu wollen. 2006 berichtete das Umweltbundesamt, dass der Import von giftigem Sondermüll seit 2001 kontinuierlich angestiegen sei. Aus einer Statistik des Amtes geht hervor, dass im Jahr 2006 etwa 2,3 Millionen Tonnen gefährlicher Müll nach Deutschland gelangt sind. 2007 plante die australische Regierung, 60.000 Fässer Giftmüll in die Bundesrepublik zu schicken. Proteste der Umweltorganisationen konnten das verhindern.

Früher wurde Sondermüll in ganz normalen Deponien eingelagert, meist ohne irgendwelche Sicherheitsvorkehrungen. In Deutschland erlangte in diesem Zusammenhang insbesondere Schönberg/Ihlenberg einen notorischen Ruf, eine Deponie im westlichen Mecklenburg-Vorpommern in der Nähe von Selmsdorf und Schönberg, innerhalb des Sperrgebietes der ehemaligen innerdeutschen Grenze.

1973 herrschte in der DDR wieder einmal drückender Devisenmangel, also beschloss die Regierung, »überwachungsbedürftigen Abfall« zu übernehmen. Damit konnten enorme Gewinne bei vergleichsweise geringem Mitteleinsatz erzielt werden. Eine Basisabdichtung zu den Grundwasserschichten, wie sie heute vorgeschrieben ist, gab es nicht. Nur so konnten die Dumpingpreise garantiert werden. Ab dem 15. Mai 1979 war die Mülldeponie betriebsbereit und bot einen unschlagbar günstigen Preis. Bei der Benutzung einer Müllverbrennungsanlage in Westeuropa fielen bis zu 300 D-Mark pro Tonne an Kosten an, noch teurer war die Deponierung von Sondermüll in einer Untertagedeponie. In Schönberg dagegen konnte Müll für 20 D-Mark pro Tonne entsorgt werden.

Die höchste Auslastung erreichte Schönberg im Jahr 1989, als 1,3 Millionen Tonnen – überwiegend Sondermüll – dort verkippt oder vergraben wurden. Insgesamt lagerten dort Ende 1989 rund 10 Millionen Tonnen Müll. Die Deponie Ihlenberg wird bis heute beliefert, zum überwiegenden Teil mit überwachungsbedürftigem Sondermüll aus allen Teilen der Bundesrepublik. Der Müll-Ihlenberg wächst jährlich um ungefähr 600.000 Tonnen. Zur Zeit ist er rund 110 Meter hoch, die Grundfläche umfasst ein Gebiet von 82 Hektar.

Soll der Giftmüll gesetzeskonform entsorgt werden, so ist das ein äußerst kostspieliges Unterfangen. Die größte Gefahr besteht nämlich darin, dass giftige Stoffe aus den Halden ins Grundwasser gelangen. Sondermülldeponien dürfen darum nur dort angelegt werden, wo der Untergrund aus Ton oder Lehm besteht, sodass eine Art natürliche Abdichtung zum Grundwasser vorliegt. Hochgiftige Abfälle können überhaupt nicht auf oberirdischen Deponien gelagert werden. Sie werden meist in Fässer verpackt und in kontrollierte Untertagedeponien gebracht, die zum Grundwasserschutz wiederum nur in Steinsalzvorkommen und Granitformationen angelegt werden können.

Die weltweit größte untertägige Sondermülldeponie befindet sich im hessischen Herfa-Neurode, wo durch den Kali-Abbau riesige Hohlräume entstanden waren. Die Fläche der Untertagedeponie erstreckt sich mittlerweile auf über 400 Quadratkilometer. Seit der Eröffnung 1972 haben sich in Herfa-Neurode mehr als zwei Millionen Tonnen giftiger Sondermüll angesammelt, darunter 690.000 Tonnen dioxin- und furanhaltige Abfälle, 220.000 Tonnen quecksilberhaltige Abfälle, 127.000 Tonnen zyanidhaltiger Müll und 83.000 Tonnen arsenhaltiger Giftmüll.

Der »Plastic Planet«.

Beatrice Bortolozzo auf dem Weg zur Fabrik, in der ihr Vater gearbeitet hat.

Die rauchenden Schlote von Porto Marghera.

Staatsanwalt Felice Casson.

Alles so schön bunt hier …

Durch und durch aus Plastik: Sushi & Co.

Zerfetzter Plastikrest in der Sahara.

Badru Okidi an seinem Marktstand in Kampala, Uganda.

Neurobiologe Frederick vom Saal.

Unterwegs zur Alguita.

Charles Moore, der Entdecker des pazifischen Müllstrudels.

Ergebnis einer Wasserprobe vor Ort.

Industrie im Süden von Los Angeles.

Plastik unterwegs.

Schafe in der Nähe von Rabat, Marokko.

EU-Kommissarin Margot Wallström.

Werner Boote und Matti Kuusla, stolzer Besitzer des ersten »Futuro«-Hauses.

Auf der Spur des »Plastic Planet« – bei Kunststoffhersteller Qin Xu in Shanghai.

Der Regisseur im Gespräch mit Guido Brosius, Verpackungsmanager der Einkaufskette Carrefour in Brüssel.

Ganz ... ... schön ...

... bei ... ... so ...

... alles ... . zusammenkommt.

... viel ...   ... was ...

... einer ...   ... Plastikentrümpelung ...

Selber verblüfft: Familie Pickel.

Die Kunststoffbesitztümer einer Familie in Indien.

Harasima Sachio und Harasima Lieko inmitten ihres Plastikhausrats.

Zoologin Theo Colborn.

An einem Strand von Tsushima ...

... der vermüllten japanischen »Isle of Nature«.

120 Laster werden nach einem Tag Müllsammeln voll bepackt mit vor allem Kunststoffabfällen.

Gab es eigentlich Müllsäcke, bevor es Plastik gab?

Calcutta Municipal, eine der größten Mülldeponien der Welt.

Die *Ragpicker* leben vom Müllsammeln. Plastik ist hier das wertloseste Material, denn es wird nach

Gewicht bezahlt. Mit Holz, Glas und Metall verdienen die Müllsammler mehr.

Auf dem Londoner Fluss Lee.

Gewässerbiologin Susan Jobling.

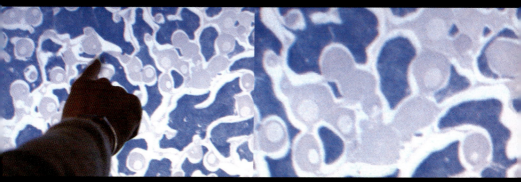

Querschnitt durch die Keimdrüse eines Intersexfisches unter dem Mikroskop.

Plastikflaschen auf dem Weg zur Recyclingdeponie in Shanghai

Auch wenn der Müll nicht unbemerkt ins Meer oder irgendeinen ehemaligen Steinbruch gekippt und der Giftmüll nicht illegal in Neapel verbuddelt wird, bringt also der ganz offizielle Gang der Dinge noch eine Menge Probleme mit sich. Mit dem Müll muss etwas passieren. Aber was?

Eine Möglichkeit bestünde darin, ihn erst gar nicht entstehen zu lassen. An einem Produkt, das jeder kennt, und das für einen Großteil der sichtbaren Verschmutzung verantwortlich ist, zeigt sich derzeit, wie mit einer Bequemlichkeit der Konsumgesellschaft verfahren werden kann, wenn sie anfängt, sich als unbequem zu erweisen: Indem man sie ganz einfach verbietet. Denn das tun immer mehr Länder mit Plastiktüten.

Die Karriere der Plastiktüte begann Mitte der 1950er-Jahre, als Reinigungen in den USA begannen, die Wäsche der Kunden in dünnen, transparenten Polyethylenfilm zu verpacken. Schon bald reihte sich in den Schränken der Familien Anzug an Anzug, Kleid an Kleid in Schutzverpackung; jedes Teil in einen dünnen Plastikfilm gehüllt. 1958 wurden in den Vereinigten Staaten bereits eine Milliarde solcher Plastiksäcke hergestellt. Aber plötzlich machten Horrorstories von Kleinkindern, die sich in der Verpackung verheddert hatten und hilflos erstickt waren, die Runde. Im April 1959 waren vier Kinder beim Spielen mit den Plastiktüten gestorben. Mitte Juni nahm die Berichterstattung über die Vorfälle epidemische Ausmaße an. Fünfzig Kinder, die meisten jünger als sechs Jahre, waren zu diesem Zeitpunkt bereits an den dünnen Filmen erstickt. Und mindestens sieben Erwachsene hatten mit den Tüten Selbstmord begangen. Innerhalb von nur sechs Wochen wurde von weiteren dreißig toten Kindern berichtet sowie von zehn Erwachsenen, die sich mithilfe der Plastiksäcke das Leben nahmen.[8] »Killed by Plastic Bag« lauteten die Überschriften in den Zeitungen plakativ. Panik machte sich breit. Es schien, als hätte man sich einen Feind ins Haus geholt, der vorgab, das Leben zu erleichtern, es aber auf hinterhältige Art und Weise nahm.

Innerhalb kürzester Zeit wurde die Plastiktüte zu einem gefährlichen Werkzeug erklärt, zu etwas, das wie Messer oder Schere von Kindern fernzuhalten sei. Plastikhersteller Du Pont stellte seine Werbestrategie um. Während im April 1958, kurz vor Ausbruch der Plastiktütenpanik, noch propagiert wurde, dass die Folien ideal zur Wiederverwendung seien, hieß es von nun an »Re-Use is Mis-Use« (»Wiederverwendung ist Fehlverwendung«).

Doch die amerikanische Gesellschaft, die sich Ende der 1950er-Jahre von allem und jedem bedroht fühlte – von den Kommunisten, von radioaktiver Strahlung – war schwer zu beschwichtigen; die Dramatisierung des Themas durch die Medien trug ihren Teil dazu bei. In den *San Francisco News* endete ein mit »Wie viele müssen noch sterben« betitelter Artikel mit einem aus der Friedensbewegung entliehenen Slogan: Aus »Ban the Bomb« wurde »Ban the Bags!« Schließlich sah sich die Industrie gezwungen, der zunehmenden Ablehnung der Tüten im großen Stil entgegenzutreten. Bis Ende Mai 1959 ließ sie 8.000 Plakate für die Reinigungen sowie 2 Millionen Broschüren zur Auslage in Spitälern und Arztpraxen produzieren. Darin wurde vor den Gefahren gewarnt, gleichzeitig aber ausdrücklich konstatiert, dass einzig und allein die leichtsinnige Fehlanwendung des Materials, das selbst ganz ungefährlich sei, zu den Toden geführt hatte.[9] Die Aufregung um die Tüten zog sich hin bis ins Jahr 1960, und erst als sich die Industrie verpflichtete, Warnhinweise auf den Tasche anzubringen, legte sich der Unmut der Bevölkerung.

Heute begleiten Plastiktüten unser Leben selbstverständlich. Dass sie in der Regel nur selten mehr als einmal verwendet werden, hat vermutlich nichts mit ihrem direkten Gefahrenpotenzial zu tun. Sie stehen uns einfach in solcher Fülle zur Verfügung, dass kaum jemand auf die Idee käme, zum Einkauf an Wurst- und Käsetheke oder der Gemüseauslage mit einer gebrauchten Tüte zu kommen. Einmal benutzt, landet die Plastiktüte im besten Fall im Müll, im schlechtesten Fall in der Umwelt bzw. im Meer. Wie viele von ihnen weltweit produziert werden, lässt sich nicht so genau sagen. Allein in Österreich werden pro Jahr etwa 350 Millionen verbraucht, in Großbritannien etwa 18 Milliarden. In Deutschland werden pro Kopf und Jahr statistisch 65 Einkaufstüten erzeugt und verwendet. Die zahlreichen dünnen Tüten, in die Obst, Gemüse und Produkte von der Frischtheke bei einem Supermarkteinkauf verpackt zu werden pflegen, sind in dieser

Zahl nicht mitberücksichtigt. Während es an der Kasse bis vor wenigen Jahren üblicherweise ungefragt eine zusätzliche Plastiktüte zum Verstauen der Einkäufe dazu gab, stehen heute alternative Optionen aus Stoff und Papier zur Auswahl, und alle kosten Geld. Auch wenn es bei der Plastiktüte nur um 25 Cent geht, wird das als Hauptgrund dafür angesehen wird, dass der Verbrauch in der Bundesrepublik drastisch zurückgegangen ist.

Manche Länder gehen seit einigen Jahren einen Schritt weiter und verbieten die Tüten ganz. Australien plant ein Totalverbot, um der jährlich vier Milliarden Kunststofftüten Herr zu werden. In Bhutan sind sie bereits komplett verschwunden; ebenso in Bangladesh, wo sie während der Monsun-Zeit die Abwasserkanäle verstopften und so das Überschwemmungsrisiko erhöhten. In China sind seit dem 1. Juni 2008 zumindest die besonders dünnen Beutel verboten, die schnell zerfleddern und sich, in Fetzen umherfliegend, schnell in der Umwelt verbreiten. Supermärkte in China dürfen Plastiktüten nicht länger ungefragt an Kunden ausgeben. Innerhalb eines Jahres wurde der Verbrauch so um 40 Milliarden Tüten reduziert – auf immer noch beeindruckende 3 Milliarden täglich. Die Konsumenten werden aufgefordert, wieder Stofftaschen und Körbe zu benutzen oder die Plastiktüten wenigstens mehr als einmal zu verwenden.

Im Inselstaat Papua-Neuguinea ist die Abgabe von Tüten offiziell untersagt, ebenso wie in Tansania und Ruanda. In Kenia und Uganda gilt für die dünnsten Tüten ein Verbot und für die übrigen eine erhöhte Besteuerung. In Südafrika dürfen Kunststofftüten von Einzelhändlern nicht mehr umsonst verteilt werden; seit 2003 droht ihnen eine Geld- oder Gefängnisstrafe, wenn sie dagegen verstoßen. In Indien drohen für den Handel mit Plastiktüten gar bis zu fünf Jahre Gefängnis. Begleitet wird das Gesetz mit massiver Werbung. Auf Plakaten in Delhi sieht man eine junge Frau, die glücklich ihre Jutetasche an der Hand hält: »Say no to plastic bags«.[10] In San Francisco und Los Angeles wurden Kunststofftüten mittlerweile per Stadtratsbeschluss aus dem Verkehr gezogen, nachdem dort im Jahr 2006 noch 180 Millionen Kunststofftüten in Umlauf gebracht worden waren. In Paris trat 2007 ein Verbot von Kunststofftüten in Kraft. Die Stadt-

verwaltung erspart sich durch den Wegfall der Müllmengen mehr als 1,6 Millionen Euro pro Jahr. Das Verbot ist zum 1. Januar 2010 auf Frankreich ausgeweitet worden.
Ist die Plastiktüte also vom Aussterben bedroht? Zumindest in Deutschland und Österreich droht ihr noch keine Gefahr. Trotz des Beispiels vom EU-Nachbarn Frankreich ist das deutsche Umweltbundesamt der Meinung, dass ein Verbot EU-Recht zuwiderliefe. Außerdem habe Deutschland eine hoch entwickelte Abfallentsorgung. Dennoch aber empfiehlt die Behörde:»Wer umweltbewusst einkaufen möchte, sollte die Plastiktüte liegen lassen und die gute alte Einkaufstasche benutzen. Egal, ob aus Baumwolle, Jute, Kunstfaser oder anderem Material. Mehrweg ist eindeutig die beste Alternative!«[11]
Das österreichische Umweltministerium begründet seine Abneigung gegen ein Verbot ähnlich. Die getroffenen Maßnahmen seien ausreichend, heißt es, obwohl nach einer Umfrage des Nachrichtenmagazins *profil* 56 Prozent der Österreicher aus Klimaschutzgründen für ein Verbot eintreten.[12] Und im Schweizer Kanton Jura gibt es einen parlamentarischen Vorstoß, die Tüten zu verbieten.
Ob mit oder ohne von zu Hause mitgebrachte Einkaufstasche – vor dreißig, vierzig Jahren war das Einkaufen noch eine recht beschwerliche Angelegenheit. Vor allem, wenn man etwas übrig hatte für Kaltgetränke, denn die Wasser- und Bierflaschen gingen ganz schön ins Gewicht. Heute sieht das anders aus. Bier gibt es in Dosen, Mineralwasser in der PET-Flasche – alles ganz easy, noch unkomplizierter wäre nur, gleich Leitungswasser zu trinken.
Das so beliebte Polyethylenterephthalat, besser bekannt als PET, gehört zur Gruppe der thermoplastischen Kunststoffe. Das Grundmaterial wurde bereits 1941 in den USA entwickelt und ist seitdem als Kunstfaser in der Textilindustrie im Einsatz. Für die Flaschen wird ein veredelter Polyester mit verbesserten Materialeigenschaften verwendet. PET ist aber nicht nur das Material der Wahl für Verpackungen, Behälter, Folien und Stoffe; die Automobilindustrie nutzt die festen Polyesterfasern auch zur Herstellung ihrer Airbags.
Nach Deutschland gebracht wurde die PET-Flasche von Coca-Cola im Jahr 1990. Seitdem hat sie einen rasanten Siegeszug hinter sich. Im

Bereich der kohlensäurehaltigen Softdrinks und Mineralwasser haben PET-Flaschen in Deutschland während der letzten Jahre die Glasflasche nahezu vollständig verdrängt. In Österreich und der Schweiz sieht es nicht anders aus – und eigentlich lässt sich das auch für den Rest der Welt sagen. Glas ist out – PET ist in. Allein in Deutschland hat sich der Anteil der PET-Flaschen bei Wasser von 55,3 Prozent im Jahr 2004 auf 77,1 Prozent Marktanteil im Jahr 2007 erhöht. Bei Limonade ist ein Anstieg von 67 auf 81,4 Prozent und bei Fruchtgetränken von 8,5 auf 29,9 Prozent Marktanteil zu verzeichnen.[13] Der Umlauf an PET-Flaschen in Deutschland wurde im Jahr 2003 auf etwa 800 Millionen Stück in den Größeneinheiten 1,5 Liter, 1 Liter und 0,5 Liter geschätzt.

Der Umstieg auf die Plastikflaschen hat den Einkauf zweifelsohne bequemer gemacht, aber auch zu einem beträchtlichen Anstieg des Müllaufkommens geführt. Die Flaschen nicht einfach in den normalen Hausmüll zu werfen, sondern sie zu sammeln und zurückzugeben, sodass sie wiederverwertet werden können, ist das mindeste, was man dagegen tun kann. 2007 gelangten in Europa 1,13 Millionen Tonnen PET Flaschen zurück in das Sammelsystem, was 41 Prozent aller Flaschen entspricht.[14] Für 2008 berichtet PETCORE – die Organisation Pet Container Recycling Europe, die es sich zur Aufgabe gemacht hat, das PET-Recycling zu propagieren –, dass sich der Anteil auf 46 Prozent und die Menge auf 1,26 Millionen Tonnen erhöht haben.[15] Wenn diese Zahlen stimmen, ist das sicherlich ein schöner Erfolg. Es bedeutet aber auch, dass eben mehr als die Hälfte der Flaschen in Europa gerade nicht dort landen, wo sie sollten – sondern eben im Hausmüll, in der Landschaft oder am Strand.

In der Schweiz gibt es ein landesweites Sammelstellennetz von insgesamt rund 42.000 Sammelbehältern an mehr als 26.000 Standorten. Bei einem Verbrauch von über einer Milliarde PET-Flaschen bzw. von 45.712 Tonnen lag dort die Rücklaufquote 2008 bei 78 Prozent. In Deutschland sind seit Einführung des Pflichtpfandes auf bestimmte Einweggetränkeverpackungen am 1. Januar 2003 die Umlaufmengen sprungartig gestiegen. Seit diesem Stichtag werden rund 99 Prozent der so gesammelten PET-Flaschen recycelt.

»Recycling« kann dabei allerdings auf eine Art umgesetzt werden, wie man sie sich unter dem Begriff nicht vorstellen würde. Anders als das Wort suggeriert, erlebt das Material in der Regel keine echte Wiedergeburt, sondern vielmehr eine Abwertung – auch bekannt als »Downcycling«.

Recyceltes PET wird vor allem zur Herstellung von Kleidung und Textilien genutzt. Im Jahr 2006 wurden in Europa mehr als 50 Prozent des zurückgewonnenen Materials zu Polyester-Fasern verarbeitet. So entstehen aus alten Plastikflaschen flauschige Fleece-Produkte, aber auch Rucksäcke. Zur Herstellung des Lowepro Primus AW Rucksacks zum Beispiel werden etwa 22 PET-Flaschen benötigt.[16] Ob der Rucksack selber mit dem Markenzeichen der Dualen Systems, dem »Grünen Punkt« gekennzeichnet ist und somit – sollte er doch einmal ausgemustert werden – seinerseits ein Fall ist für den berühmten »Gelben Sack«, ist nicht bekannt. Dadurch, dass ein Rucksack aus unterschiedlichen, miteinander verbundenen Materialien besteht, ist er außerdem viel schwieriger als eine Plastikflasche wiederzuverwerten im Recycling-Ansatz des sortenreinen Stoffkreislaufs.

In Deutschland werden derzeit ungefähr 30 Prozent der PET-Flaschen fast komplett einem solchen sortenreinen Stoffkreislauf zugeführt. Dabei werden die PETs in speziellen Aufbereitungsanlagen in kleine »Flakes« zerhackt, von Fremdstoffen gereinigt und zu einem Granulat aufbereitet. Vermischt mit frischem Granulat, entstehen aus diesem Material neue sogenannte Vorformlinge oder *Pre-Forms* für Getränkeflaschen. Diese kommen in die Abfüllbetriebe, wo sie auf die benötigten Größen aufgeblasen werden. Aus alten PET-Flaschen werden neue PET-Flaschen.

Damit könnte doch alles in Ordnung sein, oder? Nicht ganz. Für den Wiederverwertungsprozess können ausschließlich Getränkeflaschen herangezogen werden. Öl-, Essig-, Shampoo- und andere Flaschen aus PET können nicht wiederverwertet werden, da ihr Verschmutzungsgrad zu hoch ist. Sie landen also wieder im Müll. Laut Greenpeace Österreich werden Glasmehrwegflaschen im Durchschnitt 40-mal wiederbefüllt, manche Flaschen erlebten sogar bis zu 90 Umläufe. Auch bei der Reinigung und Wiederbefüllung fielen kaum Abfälle

an, ganz anders als bei Einwegflaschen. Diese steigerten die Menge des Gesamtabfalls darum im Verhältnis um das bis zu Vierzigfache, so die Umweltschutzorganisation. »Bei einem Umstieg auf Einwegverpackungen produziert eine durchschnittliche Familie im Jahr mehr als 650 Liter gepressten Müll allein durch Getränkeverpackungen.«[17]
Aber die Bedeutung von Zahlen sollte nicht überschätzt werden. Wer ein Beispiel sucht für die Relativität wissenschaftlicher Forschung, kann sich in »Ökobilanzen« verschiedener Herkunft vertiefen. Je mehr Studien der interessierte Laie durchforstet, desto weniger weiß er. So scheint die simple Frage »Was ist für die Umwelt besser: Einweg oder Mehrweg?« anhand von Untersuchungsergebnissen nicht zu beantworten zu sein.

Wie so oft, bestimmt auch hier der Standort den Standpunkt, und das Ergebnis weist in den meisten Fällen vor allem darauf hin, wer die Studie in Auftrag gegeben hat. Die PET-Industrie behauptet, ihre Verpackung schneide am besten ab. Die anderen behaupten das Gegenteil. Und natürlich lügt keine Seite, und jede kann wissenschaftliche Untersuchungen präsentieren, die ihre Aussagen untermauern. So heißt es auf der Homepage des Forum PET (in dem »internationale Unternehmen der gesamten Prozesskette: Rohstoffhersteller, Maschinenbauer, Flaschenhersteller, Getränkeabfüller und Recyclingunternehmen« vertreten sind): »Wissenschaftliche Untersuchungen und Studien belegen die Vorzüge von PET. Die leichten Getränkeflaschen zeichnen sich durch einen geringen Energieverbrauch über den gesamten Lebensweg aus.«
Im Auftrag von PETCORE wird verkündet, dass PET-Einwegflaschen sich gegenüber anderen Systemen als ökologisch vorteilhaft erwiesen hätten, unter Berufung auf eine Studie im Auftrag des schweizerischen Bundesamtes für Umwelt, Wald und Landschaft (BUWAL), und eine 2004 veröffentlichte Ökobilanz des Instituts für Energie- und Umweltforschung Heidelberg (IFEU).[18] Dass eine vom Chemieriesen BASF in Auftrag gegebene Studie ebenfalls zum Ergebnis kommt, »die 1-Liter-PET-Mehrwegflasche und die 1,5-Liter-PET-Einwegflasche mit optimierter Verwertung« hätten die höchste Ökoeffizienz, verwundert nicht weiter.

Entscheidend ist bei alledem das »Studiendesign«, die Ausgangsvoraussetzungen, welche von einem Glasproduzenten zweifellos anders definiert worden wären. Ein strittiger Punkt sind zum Beispiel die angenommen Rückläufe einer Flasche, bevor sie aus dem Kreislauf genommen werden muss. Hier kursieren die unterschiedlichsten Zahlen zwischen 7 und 50. Ebenso gehen die Ansätze auseinander, was die angenommene Entfernung zwischen Abfüllanlage und Verkaufsort betrifft. Wasser eines lokalen Abfüllers legt weniger Kilometer zurück. Deshalb schlägt das geringere Gewicht der PET-Flasche in diesem Falle weniger zu Buche, und der Transport des schwereren Glases macht sich nicht so stark bemerkbar – eigentlich logisch.

Eine von der Umweltschutzabteilung des Wiener Magistrats in Auftrag gegebene Untersuchung kommt zu einem ganz anderen Ergebnis als die Studien der Industrie.[19] Österreichweit wurden im Jahr 2006 rund 600 Millionen Liter Mineralwasser in Einwegflaschen verkauft. Berücksichtigt man den gesamten Lebenszyklus der Flaschen, würde der Ersatz von Einwegflaschen durch Mehrwegflaschen bei Mineralwasser in Österreich laut der Untersuchung 700.000 GigaJoule Energie einsparen – so viel wie der Energieverbrauch von 55.000 Haushalten. Ebenso könnten 27.000 Tonnen CO_2-Äquivalente eingespart werden, was in etwa den Emissionen eines Passagierflugzeuges entspricht, das 60-mal die Erde umrundet. Darüber hinaus würde die Abfallmenge um 13.500 Tonnen oder 450.000 Kubikmeter reduziert. Diese 13.500 Tonnen Kunststoffabfälle würden 580.000 Abfallcontainer mit einem Volumen von 770 Litern füllen. Würde man diese Container aneinanderreihen, ergäbe dies eine Strecke von Wien bis Berlin.

Doch die Studienautoren beschließen die Zahlenjonglage nicht hoffnungsfroh. Eine Umkehr des anhaltenden Trends zu PET scheint nicht in Sicht. In Österreich lag die Gesamt-Mehrwegquote inklusive Gastronomie im Jahr 1997 noch bei rund 60 Prozent. Bis 2007 ist sie bereits auf rund 40 Prozent gesunken. Lässt man den Gastronomiebereich außer Acht, dann fällt die Bilanz noch extremer aus. Beim privaten Konsumenten lag die Mehrwegquote 2007 bei nur mehr knapp einem Viertel, Tendenz stark fallend.

2007 starteten die Deutsche Umwelthilfe e.v. (DUH), die Verbände des Deutschen Getränkefachgroßhandels (GFGH), des Deutschen Getränke-Einzelhandels und der mittelständischen Privatbrauereien sowie die Stiftung Initiative Mehrweg die Aktion »Mehrweg ist Klimaschutz«, die die Verbraucher dazu bewegen will, bei der persönlichen Kaufentscheidung den Klimaschutz mitzuberücksichtigen. Wer Einweg-Mineralwasser in PET-Plastikflaschen beim Discounter kaufe, belaste das Klima mit fast doppelt so hohen CO_2-Emissionen wie jemand, der sich für ein regionales Markenwasser in Glas-Mehrwegflaschen entscheidet, so Jürgen Resch, Bundesgeschäftsführer von DUH. Die Initiative stemmt sich gegen eine Entwicklung, die auch in Deutschland seit Jahren kontinuierlich in die gleiche Richtung geht: Der Anteil Mehrwegverpackungen sinkt ebenso rasant wie in Österreich, trotz des per 2003 eingeführten Pflichtpfands. Zwischen Januar und Juni 2008 wurden nur noch 27,2 Prozent der alkoholfreien Getränken wie Wasser, Limo oder Fruchtsaft in Mehrwegflaschen verkauft. Die Quote lag damit um fast 25 Prozentpunkte niedriger als vor der Einführung des Pflichtpfands zum Jahreswechsel 2003.

1 vgl. Randeep Ramesh, »Paradise lost on Maldives' rubbish island«, *The Guardian*, 3.1.2009, www.theguardian.com/environment/2009/jan/03/maldives-thilafushi-rubbish-landfill-pollution (Stand: 9.1.2014)
2 Saviano 2009, S. 341f
3 ebd., S. 357
4 vgl. »Leben im Todesdreieck«, *3SAT*, 19.05.2008, www.3sat.de/kulturzeit/tips/122020/index.html (Stand: 9.1.2014)
5 Saviano 2009, S. 343
6 und 7 vgl. Armando Mombelli, »3000 verseuchte Deponien warten auf Sanierung«, *swissinfo.ch*, 5.1.2004, www.swissinfo.ch/ger/index/3000_verseuchte_Deponien_warten_auf_Sanierung.html?cid=3695680 (Stand: 9.1.2014)
8 und 9 vgl. Meikle 1997, S. 249ff
10 vgl. Johannes Boie, »Verbot von Plastiktüten. Vom Müll gebeutelt«, in: *Süddeutsche Zeitung*, 17.5.2010, www.sueddeutsche.de/wissen/531/472059/text/ (Stand: 9.1.2014)
11 Umweltbundesamt, »Plastik verbieten?«, März 2008, www.umweltbundesamt.de/sites/default/files/medien/publikation/long/3522.pdf (Stand: 9.1.2014)

12 vgl. »profil«: Klimaschutz: Mehrheit für Plastiksackerl-Verbot«, *APA Originaltext-Service,* 26.1.2008, www.ots.at/presseaussendung/OTS_20080126_ OTS0006 (Stand: 9.1.2014)
13 Homepage Forum PET, www.forum-pet.de/show.php?ID=4278&psid=e644741f6 50759d9ea9d549bd91ce59 (Stand: 15.1.2010)
14 Unter Europa versteht PETCORE die EU, Norwegen, Island, die Schweiz und die Türkei
15 vgl. Homepage Forum PET, www.forum-pet.de/statistik_4263.html?psid=e64474 1f650759d9ea9d549bd91ce591 (Stand: 15.1.2010)
16 vgl. Homepage Forum PET, www.forum-pet.de/umwelt_4097.html?psid=e64474 1f650759d9ea9d549bd91ce591 (Stand: 15.1.2010)
17 Homepage Greenpeace Österreich, »Einwegflaschen & Recycling – Abfallberge wachsen in den Himmel«, www.greenpeace.org/austria/de/marktcheck/aktivwerden/Ratgeber/verpackung/einwegflaschen-recycling/ (Stand: 9.1.2014)
18 Homepage Forum PET, www.forum-pet.de/faqs_4328.html?psid=ae9e61c7d742 7575a575eae808743131 (Stand: 15.1.2010)
19 Roland Fehringer, »Ökologischer Vergleich von Mehrweggetränkeverpackungen mit Einweggetränkeverpackungen«, März 2008, www.wien.gv.at/umweltschutz/pool/pdf/mehrweg.pdf (Stand: 9.1.2014)

Plastik brennt

Wenn die illegalen Deponien rund um Neapel überzulaufen drohen, dann greift die Camorra zu einem einfachen Trick. Sie lässt den Abfall abfackeln. Das Dreieck Giugliano – Villaricca – Qualiano in der Provinz Neapel ist darum laut *Gomorrha*-Autor Roberto Saviano inzwischen auch bekannt als »Feuerland«. Hier gibt es 39 Mülldeponien, 27 davon mit gefährlichen Substanzen. Die jährliche Zuwachsrate an Müll beträgt dreißig Prozent. Fürs Verbrennen werden von den Clans am liebsten junge Roma angeheuert, pro niedergebranntem Müllhaufen bekommen sie 50 Euro. Die Vorgehensweise ist immer gleich: »Ein riesiger Müllberg wird mit dem Magnetband von Musik- und Videokassetten ringsherum markiert, dann wird der Müll mit Alkohol und Benzin übergossen und der Bandsalat als Zündschnur benutzt. Binnen weniger Sekunden steht alles in Flammen. Als wäre eine Napalmbombe explodiert.«[1] In die Flammen wird alles geworfen, was man loswerden will, egal, ob giftig oder nicht. Die illegalen Verbrennungen vergiften den Boden durch und durch mit Dioxin. Der Rauch, der dabei entsteht, ist tiefschwarz. Von dem wenigen, was auf dem unfruchtbar gewordenen Grund noch angebaut werden kann, können die Bauern kaum leben; die Ernte ist verseucht. Und auch das wissen die Clans zu nutzen: Sie kaufen den Bauern den kontaminierten Grund zu einem Spottpreis ab und eröffnen darauf neue illegale Deponien.

Nach Angaben des staatlichen italienischen Gesundheitsdienstes ISS ist in den kampanischen Ortschaften mit großen Giftmülldeponien die Krebssterblichkeit innerhalb der letzten Jahre um 21 Prozent gestiegen. »Fragt man die Krebskranken Kampaniens, aus welchen Ortschaften sie stammen, gewinnt man ein Bild all der Areale, wo Giftmüll lagert.«[2]

Aber nicht nur die organisierte Kriminalität ist daran interessiert, den Müll zu verbrennen. Auch die Verwaltung selbst versucht immer wieder, neue Müllverbrennungsanlagen zu eröffnen. Und stößt damit jedes Mal auf den erbitterten Widerstand der Bevölkerung. Die Menschen befürchten, in ihrer Umgebung würde dann bald der Müll aus halb Italien verbrannt, giftig oder nicht – was hätte ein Papier, das etwas offiziell zur Verbrennung freigibt, angesichts der Skrupellosigkeit der Clans noch für einen Wert? Die Camorra selbst hat gegenüber den geplanten staatlichen Verbrennungsanlagen eine ambivalente Haltung. Einerseits soll alles so bleiben, wie es ist, von den illegalen Deponien lebt es sich schließlich sehr gut. Auch an der Lagerung der »Ökoballen« verdienen sie nochmals blendend. Zugleich jedoch ist klar, dass bei Bau und Betrieb der Müllverbrennungsanlage auch gutes Geld in die Taschen der Clans fließen wird. Wie man es auch dreht und wendet: Der einzige Gewinner des Müllnotstandes ist die organisierte Kriminalität.

Man könnte versucht sein, das Beschriebene als exotische Mafia-Episode abzutun, die wenig gemeinsam hat mit den »normalen« und wohlorganisierten Zuständen bei uns. Aber letztlich sind auch wir betroffen von der gleichen Problematik: Es gibt zu viel und zu viel giftigen Müll, als dass er auf unbedenkliche Art und Weise in dem Tempo entsorgt werden könnte, in dem wir ihn erzeugen. Ob wir ihn in den fernen Osten abtransportieren lassen oder bei einem etwas weniger wohlhabenden Nachbarland unterbringen – das Geschäft mit dem Abfall ist in mehr als nur einer Hinsicht ein schmutziges.

Weltweit werden pro Jahr 260 Millionen Tonnen Plastik hergestellt.[3] Bei einer geschätzten Weltbevölkerung von 6,7 Milliarden[4] entfielen damit auf jeden einzelnen Menschen, Säugling oder Greis, knapp 30 Kilogramm Kunststoff – und zwar auch auf die Erdenbewohner, die nicht zu Weihnachten ausgiebig im Spielwarengeschäft einkaufen gehen oder sich alle paar Jahre einen neuen Computer zulegen. 30 Kilogramm eines vergleichsweise leichten Materials ist eine ganze Menge: knapp 6.000 durchschnittliche Einkaufstüten; ca. 2.000 Zahnbürsten; oder 85 Paar Joggingschuhe – jährlich. Angesichts solcher Zahlen stellt sich die Frage, ob wir Kunststoff nicht in größeren Mengen herstellen, als wir bewältigen können.

Die Plastikindustrie und ihre Befürworter versuchen solche Bedenken mit Argumenten zu entkräften, die auf den ersten Blick plausibel klingen. Erdöl, Kohle und Erdgas sind die Rohstoffe, aus denen die Ausgangsprodukte für die Herstellung von Kunststoffen gewonnen werden. Etwa 4 Prozent des aus den Raffinerien kommenden Mineralöls verbraucht die Kunststoffindustrie. Anstatt das Erdöl direkt zu verfeuern, werden daraus zuerst Flaschen, Tüten, Säcke und andere Dinge hergestellt, die den Alltag erleichtern und bereichern, so die Argumentation. Und erst, wenn das Plastik nicht mehr benötigt wird, wird das darin gebundene Erdöl verbrannt. Es sei also nicht verloren – das Verheizen werde nur verzögert. Ganz abgesehen von der Problematik giftiger Rückstände ändert das natürlich nichts an der Tatsache, dass wir mit Plastik wertvolle und nur in begrenztem Maß vorhandene Rohstoffe vernichten.

Eine meist funktionierende Abfallwirtschaft und -verbrennung trägt einiges dazu bei, dass die jedes Jahr hinzukommende Menge an Abfall zumindest in Österreich, Deutschland und der Schweiz nicht auf unangenehme Weise sichtbar wird. Die Sammelsäcke werden abgeholt, die Tonnen geleert, und so nehmen wir unser Müllaufkommen nicht als vorrangiges Problem wahr. Der meiste Müll wird bei uns verbrannt. In Wien zum Beispiel umfasst das sämtlichen in die normalen Mülleimer geworfenen Abfall, so die Auskunft der Verbrennungsanlage Spittelau.

Aber bloß, weil etwas verbrannt wird, ist es noch lange nicht aus der Welt. Als Reststoffe der thermischen Verbrennung entstehen Schlacke, Asche und der sogenannte Filterkuchen. Asche und Schlacke werden zu Schlackebeton verarbeitet, welcher wiederum zur Ringwallbefestigung von Mülldeponien eingesetzt wird. Bis 2007 entstanden 2,7 Millionen Tonnen Schlackebeton. Der giftige Filterkuchen, wovon bei einer Tonne Abfall ungefähr 1 Kilogramm anfällt, wird unter Tage in einer Deponie in Deutschland endgelagert. Das heißt, an dieser Stelle ist mit dem Verbrennen sowieso Schluss.

Dadurch, dass die Verbrennungsanlagen mit gemischten Abfällen beschickt werden, die gefährliche Schadstoffe wie Schwermetalle und chlorierte organische Chemikalien enthalten, werden die im festen Abfall enthaltenen Schwermetalle über Schornsteinabgase in die Atmosphäre entlassen, konstatiert die im Oktober 2001 für Greenpeace durchgeführte Studie »Müllverbrennung und Gesundheit«.[5] Schwermetalle sind ebenfalls durchgängig in der Schlacke und den übrigen Verbrennungsrückständen zu finden. Die Verbrennung von chlorhaltigen Abfallstoffen wie Polyvinylchlorid (PVC) führe dazu, dass neue Chlorchemikalien entstehen, wie zum Beispiel hochgiftige Dioxine, die in der Schlacke und anderen Rückständen enthalten bleiben. »Mit einem Wort, Müllverbrennungsanlagen lösen das Problem ›Giftstoffe im Müll‹ nicht. Sie wandeln giftige Chemikalien lediglich in andere chemische Verbindungen um, die noch giftiger sein können als die Ausgangssubstanz«, so Greenpeace.

Auch sei es nicht richtig, dass sich Masse und Volumen des Mülls durch Verbrennung erheblich reduzieren ließen. Die häufig zitierte Volumenreduzierung auf bis zu 90 Prozent sei schlicht nicht zu erzielen. Denn selbst, wenn man den Wert ausschließlich auf die Rückstandsasche beziehe, liege der tatsächliche Wert bei nur etwa 30 bis 40 Prozent. Trotzdem wird die Müllverbrennung in den Industrieländern heute in der Regel der Deponierung vorgezogen. Deponiefläche ist gerade in dicht besiedelten Ländern knapp, und die Deponierung von Verbrennungsrückständen nimmt deutlich weniger Platz in Anspruch.

In den 1980er-Jahren wurden Müllverbrennungsanlagen zum Symbol für die Vergiftung der Umwelt schlechthin. Im Zuge der grünen Bewegung bezogen immer mehr Bürger Position gegen die sogenannte Wegwerfgesellschaft und die mit ihr verbundenen »Dioxinschleudern« am Stadtrand. Daraufhin sind die Müllverbrennungsanlagen jedoch nicht verschwunden, es werden vielmehr weiterhin neue Anlagen für diese Art der Entsorgung gebaut. 1965 gab es in Deutschland gerade einmal 7 Müllverbrennungsanlagen mit einer Kapazität von 718.000 Tonnen pro Jahr. 1985 waren es bereits 46 Anlagen, verbrannt wurden 7.877.000 Tonnen. 2007 war die Anzahl auf 72 und die Kapazität auf 17.800.000 Tonnen angestiegen.

Die wachsende Zahl der Müllverbrennungsanlagen ist unter anderem darauf zurückzuführen, dass dort auch ein Teil jener Wertstoffe landet, die der deutsche Verbraucher brav in den »gelben Sack« sortiert. Mit dieser Form der Entsorgung scheint zwar vorprogrammiert, dass die Sammlung aus Blech, Plastik und Alufolie recycelt wird – für einen beträchtlichen Teil davon gilt aber, dass er nur einer »energetischen Verwertung« zugeführt wird, das heißt, er wird verbrannt.

Weil die Sortierung und Aufbereitung von Kunststoffen, die sich tatsächlich weiterverarbeiten lassen, aufwendig und teuer sind, wird nur etwas mehr als die Hälfte davon wirklich wiederverwertet. Dadurch, dass es so viele unterschiedliche Kunststoffarten gibt, die für den Laien schwer auseinanderzuhalten sind, ist auch die Zahl der sogenannten »Fehlwürfe« bei diesem Wertstoffsammelsystem sehr hoch. Gerüchte, dass die gelben Säcke sowieso ungeöffnet nach Fernost verschifft werden, bestätigten sich in einem Fall zu Beginn der 1990er-Jahre, wie Greenpeace 2007 berichtete: »Weil die Deutschen nach Einführung des Grünen Punkts so eifrig Müll trennten, reichten die Recyclingkapazitäten nicht aus, sodass der illegale Export attraktiv wurde. Heute gibt es jedoch hierzulande ausreichend Recyclinganlagen, und China hat den Import von unsortiertem und verdrecktem Plastikabfall verboten.«[6] Ob dadurch gewährleistet ist, dass solcher Müll nicht in ein Land verschifft wird, das ihn noch zu nehmen bereit ist, ist eine andere Frage.

Die hiesigen Müllverbrennungsanlagen haben sich jedenfalls weiter entwickelt. Laut der Studie »Müllverbrennung – ein Gefahrenherd?« des deutschen Bundesministeriums für Umwelt, Naturschutz und Reaktorsicherheit vom Juli 2005 spielen sie, relativ gesehen, heute bei den Emissionen von Dioxinen, Staub und Schwermetallen keine große Rolle mehr. Seit 1990 sind die Emissionen giftiger Schadstoffe aus der Müllverbrennung drastisch zurückgegangen, konstatiert das Ministerium. Kam 1990 noch ein Drittel aller Dioxin-Emissionen in Deutschland aus Müllverbrennungsanlagen, war es im Jahr 2000 weniger als ein Prozent. Allein Kamine von normalen Festbrennstoffheizungen und Kachelöfen in Privathaushalten tragen rund zwanzigmal mehr Dioxin in die Umwelt als Müllverbrennungsanlagen – vor allem, wenn auch noch Abfälle darin verbrannt werden. Aus diesem Grund ist die Dioxinbelastung der Luft im Winter bis zu fünfmal höher als im Sommer. Laut der Studie wurden vor 1990 Schadstoffe in der Luft verteilt, die vergleichbar waren mit der Giftigkeit von 188 Tonnen Arsen. Heute dagegen werden, folgt man der Interpretation des Ministeriums, der Luft sogar mindestens 3 Tonnen »entzogen«. Zu diesem Ergebnis kommt, wer den Schadstoffausstoß der Verbrennungsanlagen gegen ihre Strom- und Wärmeproduktion aufrechnet und das wiederum in Relation setzt zu einem geschätzten Schadstoffwert, den eine vergleichbare Energieleistung herkömmlicher Kraftwerke freisetzen würde. Im Jahr 1990 wurden bei der Müllverbrennung noch 57.900 Kilogramm Blei und 347 Kilogramm Quecksilber ausgestoßen. Durch den Einbau immer besserer Filter hat sich der Wert 2001 auf 130,5 Kilogramm beziehungsweise 4,5 Kilogramm reduziert.

Dass die Schwermetallemissionen in Schornsteinabgasen in den letzten Jahren dank verbesserter Rauchgasreinigungstechniken beträchtlich zurückgegangen sind, räumt auch Greenpeace ein. Aber die Umweltschützer geben zu bedenken, dass die Reduktion von Schwermetallemissionen in die Atmosphäre ebenso wie die Reduktion von Dioxinemissionen auch zu einem entsprechenden Anstieg der Schwermetallkonzentration in den Schlacken und Aschen führt – und bei der Entsorgung dieser Rückstände damit zu einer hohen Umweltbelastung an anderer Stelle.[7] Irgendwo bleibt das Gift, es ist nicht zu eliminieren.

Man könnte die verbesserten Werte der Müllverbrennungsanlagen als gelungenes Beispiel für das Zusammenspiel von Wissenschaft und Politik anführen. Die Forschung entwickelte immer bessere Rauchgasfilter, und bessere Gesetze schützen durch geringere Grenzwerte die Umwelt und die Bevölkerung. Aber etwas nachdenklich macht die ganze Vorgehensweise rückblickend doch. Denn es war in den 1980er-Jahren keineswegs so, dass Industrie und Politik eingestanden hätten, welche Dreckschleudern die Anlagen damals waren. Wer sich gegen die Müllverbrennung engagierte, wurde vielmehr als weltfremder Spinner gebrandmarkt, als Esoteriker, der sich aus ideologischen Gründen gegen die moderne Wirtschaft stellte.

1990 zum Beispiel berichtete DER SPIEGEL von den damals schon jahrelang andauernden Kämpfen der Anrainer gegen ein Müll-Heizkraftwerk in München. Das Werk in Unterföhring pustete seit 1964 Schadstoffe in die Umwelt. Die Anwohner litten an typischen Umweltkrankheiten. Die Atemluft würde als Müllkippe missbraucht, beschwerten sich die Grünen. Ernst genommen wurden die Anliegen der Anrainer jedoch lange nicht.

Ganz im Gegenteil. Weil Deutschland einfach nicht mehr wusste, wohin mit all dem Wohlstandsmüll, beschloss der Bundestag, dass die Müllverbrennung demnächst sogar in Anlagen zulässig sein sollte, »die überwiegend einem anderen Zweck als der Abfallentsorgung dienen«: in Zementfabriken etwa, Kohlekraftwerken oder Kupferhütten.[8] Daraufhin wehrten sich immer mehr Betroffene, quer durch die BRD. In Kehl am Rhein demonstrierten die Bewohner gegen den Bau einer Anlage zur Verbrennung von Sondermüll, in Augsburg traten ganz normale Bürger Plänen für eine Müllverbrennungsanlage entgegen. Die Umweltschutzorganisation »Robin Wood« veranstaltete Mitte März 1990 einen bundesweiten Aktionstag: Mitglieder besetzten Müllöfen in Kempten und Coburg, in Nürnberg blockierten sie den Zugang zu einer Anlage, in Hamburg demonstrierten sie vor dem Verwaltungsgebäude der Stadtreinigung. In Bayern wurde bereits vom »Müllnotstand« gesprochen. Wie die Atomkraftwerke würden auch die Müllöfen zunehmend als gewaltiges »Teufelszeug« angesehen, stellte ein Mitarbeiter des Berliner Umweltbundesamts fest, und auch im Bonner Umweltministerium registrierte man mit Bedauern eine »neue Welle des Protests«.[9]

Auf eine von Greenpeace damals vorgelegte Berechnung, die den publizierten Giftausstoß der Verbrennungsanlagen kritisch hinterfragte und zum Schluss kam, es handle sich eher um eine »Müllvermehrungsanlage«, erwiderte der Kölner Regierungspräsident Franz-Josef Antwerpes, das sei ein »ungewöhnliches Argument«. Wer eine solche Müllbilanz aufmache, dürfe überhaupt keine Fabrik mehr bauen, so der Politiker, der wegen eines Müllverbrennungsanlagen-Genehmigungsverfahrens in seinem Regierungsbezirk unter Beschuss von Bürgerinitiativen geraten war.[10]

Wo sich Stadtverwaltungen und Umweltministerien heute also stolz auf die Brust klopfen und verkünden, wie sauber und umweltverträglich die Müllverbrennung geworden sei, gibt es zweierlei zu bedenken. Ein Blick zurück zeigt in der Regel, dass aktuelle Einschätzungen, alles sei völlig in Ordnung, gesund und umweltverträglich, mit Vorsicht zu genießen sind. Man darf heute schon gespannt sein, wie die heutige Situation in zwanzig, dreißig Jahren bewertet werden wird.

Und zweitens sollte man nicht vergessen, dass die höhere Umweltverträglichkeit der Anlagen nicht dem von vorneherein verantwortungsbewussten Handeln von Politikern und vorausschauenden Müllmanagern zu verdanken ist. Am Beginn der Veränderung zum Besseren standen Bürger, die ihren Unmut äußerten, sich zusammenschlossen und für ihre Anliegen kämpften. Allen Widerständen von den offiziell Verantwortlichen, Unternehmern wie Bürgervertretern zum Trotz.

1 Saviano 2009, S. 359
2 ebd., S. 360
3 vgl. »Kunststoffmärkte: Weltweite Produktion legt 2010 auf 265 Mio t zu«, KunststoffWeb – Fachinformationen für die Kunststoffindustrie, www.kunststoffweb.de/ki_ticker/Kunststoffmaerkte_Weltweite_Produktion_legt_2010_auf_265_Mio_t_zu_t220590 (Stand: 9.1.2014)
4 Stand: Dezember 2009, Quelle: United States Census Bureau (US-amerikanische Volkszählungsbehörde), www.census.gov
5 Michelle Allsopp/Pat Costner/Paul Johnston, »Müllverbrennung und Gesundheit«, Greenpeace, Oktober 2001, www.greenpeace.at/uploads/media/muellverbrennung_03.pdf (Stand: 9.1.2014)
6 Marlies Uken, »Der Müll und die Mythen«, *Greenpeace Magazin* 4/2007, www.greenpeace-magazin.de/index.php?id=2577 (Stand: 9.1.2014)
7 Michelle Allsopp/Pat Costner/Paul Johnston, »Müllverbrennung und Gesundheit«, Greenpeace, Oktober 2001, S.12, www.greenpeace.at/uploads/media/muellverbrennung_03.pdf (Stand: 9.1.2014)
8 »Seveso auf Raten«, in: *DER SPIEGEL* 13/1990, S. 105f
9 »Gewaltiges Teufelszeug«, in: *DER SPIEGEL* 32/1989, S. 39
10 vgl. »Gewaltiges Teufelszeug« *DER SPIEGEL* 32/1989, S. 39ff

Plastik bedrängt die Tierwelt

Eigentlich wollte Umweltwissenschaftlerin Susan Jobling als Meereszoologin das Barrier Reef entlangtauchen. Immer schon habe sie sich für Ozeane interessiert, sagt die Forscherin. Aber zum Barrier Reef hat sie es irgendwie nicht geschafft, und nun schippert sie eben auf englischen Flüssen, um zu erkunden, wie sich die Umweltverschmutzung auf die Fische auswirkt. Als Leiterin einer umfassenden Studie der britischen Brunel University hat sie drei Jahre lang Wasserproben aus dreißig Flüssen Englands analysiert. Dabei bemerkte sie, dass sich die Fische auf seltsame Weise verändert haben. »Das ist ein Querschnitt durch die Keimdrüse eines weiblichen Fisches«, sagt Jobling und zeigt auf eine Abbildung. »Der männliche Fisch sieht völlig anders aus. Aber hier haben wir etwas ganz Neues.« Sie sieht durch ihr Mikroskop. »Das ist ein Intersexfisch. Man kann hier keine großen Eier wie bei den weiblichen Fischen erkennen, aber es gibt kleine Eier. Diese kleinen, runden Strukturen deuten alle auf Eier hin.«[1] Funde von Intersexfischen in Flüssen und Abwässern deuten darauf hin, dass Phthalate – jene Stoffe also, die Kunststoffen als Weichmacher zugesetzt und dann von diesen nach und nach wieder an die Umwelt abgegeben werden – und Bisphenol A als endokrine Disruptoren agieren. Das heißt, sie beeinflussen das hormonelle System der Fische.

Plastik ist für Tiere nicht nur dann eine Gefahr, wenn sie versehentlich kleine Teile davon fressen oder Flüsse so massiv von giftigen Abwässern verschmutzt werden, dass die Fische sterben. Auch wenn die Dinge mehr oder weniger so laufen, wie sie sollen – ohne dass Plastikdeckel mit Meeresgetier verwechselt werden und zu tödlichen Verdauungsproblemen führen, ohne Chemiekatastrophen –, bringt Plastik die Fauna doch ordentlich durcheinander.

Patricia Hunt betreibt an der Case Western University in Cleveland, Ohio, gentechnische Forschungen. Im Jahr 2003 machte sie eine seltsame Entdeckung. Jahrelang hatten sich die Mäuse, die sie für ihre Experimente hält, ganz normal verhalten. Doch nach und nach begannen sie sich zu verändern – und zwar nicht die, mit denen sie ihre Versuche machte, sondern die Kontrolltiere; sie produzierten plötzlich sehr merkwürdige Eier.« »Wir haben versucht herauszufinden, was diese Veränderung bewirkt hat«, erzählt Patricia Hunt. »Irgendwann haben wir die Plastikkäfige untersucht. Jahrelang haben wir sie benutzt, und es gab nie Probleme. Bei genauerer Betrachtung aber wurde uns klar, was passiert war: Die Käfige waren durch ein falsches Reinigungsmittel beschädigt worden, das Plastik spröde und brüchig.«[2] Die Behälter waren einfach schon so alt und so oft mit hohen Temperaturen gereinigt worden, dass sie begannen, zu zerfallen. Nicht direkt und offensichtlich zu Staub, aber das Material, bestehend aus Polycarbonaten mit Bisphenol A, gab diese Chemikalie nach und nach an die Umwelt ab. Der Organismus der Mäuse wiederum nahm die Gifte auf, was zu der schleichenden Veränderung führte. Hunt experimentierte anschließend mit den Tieren selbst. Ihr und ihrem Team gelang es nachzuweisen, dass die Verabreichung von Bisphenol A bereits in niedrigen Dosen erbgutschädigend wirken kann.

Meldungen von einer »Feminisierung« im Tierreich gehen immer wieder durch die Medien. Aufgrund von Substanzen, die bei ungeborenen männlichen Nachkommen wie weibliche Hormone wirken, kommen Tiere immer öfter mit ungewöhnlich kleinem Penis und Hoden zur Welt, manchmal sogar als Zwitter, und sind entweder gar nicht oder sehr viel schlechter fortpflanzungsfähig. Der Effekt zeigt sich bei allen Wirbeltieren: Britische Fischmännchen, die in ihren Hoden weibliche Eier produzieren, wurden ebenso gefunden wie Alligatoren mit kleineren Geschlechtsteilen in Florida oder arktische Polarbären, die sowohl mit Penis als auch Vagina zur Welt kamen.

»Wir haben einfach 100.000 Chemikalien in ein fein austariertes Hormonsystem geworfen«, kommentiert Pete Myers vom US-amerikanischen Institute of Environmental Health Sciences die Situation. »Da ist es kein Wunder, dass wir nun mit ernsten Folgen konfrontiert werden. Das Ganze könnte zur schnellsten Evolution der Geschichte führen.«[3] Einfluss auf das Hormonsystem haben alle Substanzen, die sich im Körper wie Geschlechtshormone verhalten. Hierzu gehören längst verbotene Gifte wie PCB und Dioxin, aber auch die Phthalate, die Plastik erst weich und verarbeitbar machen und in dieser Funktion fast überall vorkommen: in Verpackungsmaterial, in Kosmetika, in

Kinderspielzeug. Die Substanzen docken an den Stellen der Körperzellen an, die normalerweise die weiblichen Hormone binden, und ahmen so deren Effekt nach.

Dass nur das eine, nämlich das männliche Geschlecht so empfindlich reagiert, hat damit zu tun, dass das Y-Chromosom viel weniger Gene hat als das weibliche X-Chromosom. Im Laufe der Evolution ist es immer mehr geschrumpft; nach Millionen Jahren hat es zwei Drittel seiner ursprünglichen Größe eingebüßt. Mit ihrem »kleinen« Y-Chromosom haben die Männchen nun den schädlichen Einflüssen der Umweltgifte weniger entgegenzusetzen, so die Vermutung der Biologen. Kommt ein Lebewesen nämlich mit einer erbgutschädigenden Substanz in Berührung, so geschieht es oft, dass die übrigen Gene den Schaden ausgleichen. Bei den Männchen funktioniert das schlechter, eben weil sie mit weniger Erbgut ausgestattet sind und deshalb genverändernden Giften weniger entgegenzusetzen haben.

Aber die dem Plastik zugesetzten Stoffe wirken sich nicht nur auf die Fruchtbarkeit aus. »Bestimmte Chemikalien imitieren ein Hormon«, sagt Patricia Hunt. »Und die Hormone senden bestimmte Signale an Zellen. Wenn diese Signale zur falschen Zeit empfangen werden oder in der falschen Konzentration an den Fötus weitergeleitet werden, kann das die Entwicklung des Fötus beeinflussen.« Föten sterben daraufhin, kommen verkrüppelt zur Welt oder verweiblichen. Und nicht nur die männlichen Tiere verändern sich unter dem Einfluss der hormonähnlichen Substanzen. Der Pharmakologe und Zellbiophysiker Scott Belcher von der University of Cincinnati zeigte in Tierversuchen, dass Bisphenol A, enthalten unter anderem in Plastikschüsseln und Babyfläschchen, schon in kleinsten Dosierungen die Hirnentwicklung beeinflusst. Die Substanz entfaltete bereits wenige Minuten nach Verabreichung eine verheerende Wirkung. Sie störte den Signalweg des weiblichen Sexualhormons Östrogen und in Folge die natürliche Entwicklung der Gehirnzellen – unabhängig vom Geschlecht der Tiere.

Bereits 1939 hatte Charles Broley damit begonnen, die Seeadler Floridas zu beobachten. Anfang der 1940er-Jahre hatte er 125 bebrütete Nester unter Beobachtung, und auf seinen Wanderungen gelang es ihm, 150 junge Seeadler zu beringen. Doch 1947 veränderte sich die Situation schlagartig. Die Zahl der Küken nahm rapide ab, Broley beobachtete in den folgenden Jahren bei vielen Pärchen ein bizarres Verhalten. Zwei Drittel der Adler schienen sich für die Brutplätze gar nicht mehr zu interessieren. Sie warben nicht umeinander und zeigten kein Interesse an der Paarung. Sie lungerten, wie Broley notierte, bloß faul herum.[4] Mitte der 1950er-Jahre war sich der Vogelforscher sicher, dass achtzig Prozent der Weißkopfseeadler Floridas steril geworden waren.

Wie in allen anderen Ländern der Welt führte der wirtschaftliche Aufschwung nach Ende des Zweiten Weltkriegs auch in den Vereinigten Staaten zu einer ungeheuren Umweltbelastung. Große Industrien leiteten ihre giftigen Abwässer ungefiltert in die Flüsse. Am 22. Juni 1969 führte das dazu, dass der in Cleveland in den Eriesee fließende Cuyahoga River Feuer fing. Es war nicht das erste Mal, dass Öl und Schmutz an der Wasseroberfläche sich entzündeten, und der Brand dauerte nur knapp 30 Minuten.[5] Trotzdem lenkte das Ereignis die Aufmerksamkeit der amerikanischen Bevölkerung auf die wachsenden Umweltprobleme. Zu der Zeit wurde der viertgrößte der fünf Großen Seen Nordamerikas, der einen Teil der Grenze zwischen Kanada und den USA bildet, von den Medien nonchalant für tot erklärt. Schon vorher hatten die Nerzzüchter an einem anderen der Großen Seen Seltsames beobachtet. Denn zu Beginn der 1960er-Jahre bekam die Nerzindustrie, die sich wegen des billigen Fisches an den großen Seen etabliert hatte, massive Schwierigkeiten. Nicht weil Pelz damals bei den Trägern in Verruf geraten wäre – ganz im Gegenteil. Die Farmer konnten vielmehr die Nachfrage nicht mehr befriedigen. Wie immer versuchten sie, ihre Tiere zu verpaaren, doch die Weibchen warfen einfach keine Jungen mehr. Zuerst fiel die durchschnittliche Nachwuchsanzahl von vier auf zwei. Doch bereits 1967 bekamen viele Weibchen gar keine Tiere mehr, und die wenigen, die noch warfen, verloren ihren Nachwuchs oft kurz darauf. Bald darauf wurden die Chemikalien, die sich offenbar in den Fischen der Großen Seen angereichert hatten, als verantwortlich für die Fertilitätsstörungen der Nerze ausgemacht.

Im Lauf der Jahrzehnte mehrten sich die Berichte von erschreckenden Vorgängen. Am Ontariosee mussten Forscher in den 1970ern feststellen, dass 80 Prozent der Küken in einer Silbermöwenkolonie vor dem Schlüpfen gestorben waren. Und bei der Untersuchung der toten Tiere stieß man auf groteske Deformationen: »Manche trugen statt Daunen das Federkleid erwachsener Vögel, andere hatten Klumpfüße, wieder anderen fehlten die Augen, oder die Schnäbel waren missgebildet.«[6]
Als die amerikanische Alligatoren-Zuchtindustrie in den späten 1980er-Jahren Nachschub benötigte, wurden die üppigen Feuchtgebiete rund um den Lake Apopka in Florida als ideales Gebiet angesehen, um von dort Tiere zu beziehen. Doch leider schlüpften dort nur aus knapp 18 Prozent der Eier lebensfähige Junge, während der Anteil an anderen Orten bei bis zu 90 Prozent lag. Die Hälfte der Tiere war darüberhinaus so schwach, dass sie innerhalb der ersten zehn Tage nach dem Schlüpfen starben. Es schien außer Frage zu stehen, dass die Probleme der Apopka-Alligatoren mit dem 1980 gemeldeten Störfall bei der Tower Chemical Company in Zusammenhang standen. Damals waren aus dem ein paar hundert Meter vom Strand entfernten Betrieb größere Mengen des Pestizides Dicofol in den See gelangt und die Population der Alligatoren auf ein Zehntel geschrumpft. Die Frage war nur, wieso die Fruchtbarkeitsstörungen sich jetzt noch bemerkbar machten. Der Chemiunfall lag schon einige Jahre zurück, und das Wasser galt mittlerweile wieder als sauber.
Ein Zusammenhang zwischen den verschiedenen Fällen, auf die die Forscher mittlerweile rund um den Globus stießen – in Florida, in Kalifornien, in England oder in Dänemark – konnte zunächst nicht gefunden werden. Dass die Verschmutzung durch Chemikalien den Tieren ganz allgemein zusetzte, stand außer Frage. Die staatliche Beschränkung beim Einsatz des Pestizids DDT, die in den USA im Jahre 1972 in Kraft trat, führte schließlich dazu, dass sich die Fruchtbarkeitsrate bei den Weißkopfseeadlern wieder positiv entwickelte. Auch die Population der vorher gefährdeten Silbermöwe wuchs.
Aber so leicht ließen sich nicht alle Probleme lösen – die Chemikalien finden sich oft auch dann noch in den Tieren, wenn die Produktion

der Gifte schon längst verboten ist. Der New Yorker Hudson River zum Beispiel war über Jahrzehnte eine einzige stinkende Kloake. Bis in die 1970er-Jahre waren die Fische dort »Gift und die Eier der Vögel toxischer Abfall«, so David Gargill im Dezember 2009 in *Harper's Magazine*.[7] Bis die Chemikalie 1977 verboten wurde, ließ vor allem General Electric Unmengen von PCBs – Polychlorierten Biphenyle – in den Fluss ab. Die Schätzungen, wie viel von der mit großer Wahrscheinlichkeit krebserregenden Substanz bis dahin vom Konzern in den Hudson gekippt wurde, gehen auseinander. Die Medien einigten sich auf 1,3 Millionen Pfund oder umgerechnet rund 600.000 Kilogramm.

Obwohl PCB also schon seit mehr als dreißig Jahren nicht mehr in den Hudson gelangen dürfte, sind die Fische noch immer voll damit. 2008 bestand ein Schwarzbarsch zu durchschnittlich 188 Teilen pro Million (ppm) aus PCB. Beim Felsenbarsch waren es 22 ppm. Der für Menschen erlaubte Höchstwert beträgt lediglich 2 ppm. Die Fischer wurden deshalb zur Schadensbegrenzung aufgefordert: Nicht mehr als einmal pro Monat sollte Felsbarsch gegessen werden, und auf die Aale aus dem Hudson galt es ganz und gar zu verzichten. Auf den Piers in New York City finden sich Warnhinweise, dass Frauen im gebärfähigen Alter und Kinder unter 15 Jahren keinen lokalen Fisch essen sollten.[8] Wir haben es mit dem gleichen Phänomen zu tun wie bei der Müllverbrennung: Eine giftige Substanz ist nicht so einfach zum Verschwinden zu bringen.

Beim Hudson River war es augenscheinlich, dass die Umweltverschmutzung die Tiere in Mitleidenschaft zog. Aber selbst in Gewässern, die eigentlich als sauber gelten, wandern die Chemikalien unsichtbar die Nahrungskette hinauf. Als die Biologin Theo Colborn das Phänomen der Unfruchtbarkeit untersuchte, betrachtete sie die Liste jener Tiere, die rund um die Großen Seen ein derart seltsames Verhalten an den Tag legten. Was hatten Weißkopfseeadler, Silbermöwen, Nerze, Otter, Seeschwalben und Schnappschildkröten gemeinsam? Sie alle ernährten sich von Fischen. »Die Konzentration von Schadstoffen wie den PCBs mögen so gering sein, dass man sie mit den Standardmethoden der Wasseranalyse nicht messen kann, doch solche schwer abbaubaren Substanzen konzentrieren sich in den Geweben der Tiere und multiplizieren sich innerhalb der Nahrungskette von einem Tier zum anderen exponentiell. Durch diesen Vorgang der Anreicherung kann die Konzentration einer nicht abbaubaren Substanz, die im Körperfett gespeichert wird, in einem der Räuber am Ende der Nahrungskette, einer Silbermöwe zum Beispiel, 25 Millionen mal so hoch sein wie im umgebenden Wasser.«[9] Und noch etwas Erstaunliches fand Colborn heraus: Den erwachsenen Tieren schien es nicht schlecht zu gehen. Probleme stellten sich erst beim Nachwuchs ein, bei den ganz jungen Tieren, den ungeborenen sowie folgenden Generationen.

Das alles erklärte immer noch nicht die unterschiedlichen Symptome, die die verschiedenen Tierarten zeigten. Die Silbermöwen zum Beispiel fielen dadurch auf, dass sie gleichgeschlechtliche Brutgemeinschaften eingingen. Die Weißkopfseeadler wiederum hatten mit schweren Geburtsfehlern wie Klumpfüßen, Rückgratverkrümmungen, fehlenden Augen zu kämpfen. Für all das gab es nur einen einzigen gemeinsamen Nenner. Es handelte sich dabei um Vorgänge, die in hohem Maß von Hormonen reguliert werden. Die meisten Probleme basierten also auf einer Störung des endokrinen Systems, auch »Hormonsystem« genannt, welches zur Steuerung der Körperfunktionen dient – angefangen vom Wachstum über die Fortpflanzung bis hin zum täglichen Verdauungsvorgang.

Wie sehr die Chemikalien dieses endokrine System beeinträchtigen, schien bis dahin niemanden zu kümmern. Firmen und Behörden untersuchten in erster Linie, ob ein Stoff krebserregend war oder nicht. Führte eine Substanz nicht zu Krebs, wurde sie als unbedenklich eingestuft, ganz egal, welche anderen Auswirkungen sie hatte. Nach jahrelanger Forschung kam Theo Colborn zu folgendem Schluss: »Die Toxine, die sich im Fett von wildlebenden Tieren anreichern und von einer Generation in die nächste hineinwirken, haben eines gemeinsam: Auf die eine oder andere Weise wirken sie auf das endokrine System, das die inneren Lebensfunktionen des Körpers reguliert und entscheidende Phasen der pränatalen Entwicklung steuert. Diese Substanzen wirken somit als Gifte aus zweiter Hand, die den Hormonhaushalt stören.«[10] Und zwar Jahre über ihre Nachweisbarkeit im jeweiligen Lebensraum hinaus.

Hier schließt sich der Kreis zum Plastik. Darin enthaltene Weichmacher wie Phthalate sowie Bisphenol A könnten die PCBs des 21. Jahrhunderts werden. Denn ganz wie PCB beeinflussen sie das Hormonsystem von Fischen, Vögeln und Säugetieren.

1 Susan Jobling im Interview mit den Autoren
2 Patricia Hunt im Interview mit den Autoren
3 Anja Gröber, »In der Tierwelt sterben die Männchen aus«, in: *Die Welt*, 15.12.2008, www.welt.de/wissenschaft/article2878956/In-der-Tierwelt-sterben-die-Maennchen-aus.html (Stand: 9.1.2014)
4 vgl. Colborn et al. 1996, S.15f
5 *Ohio History Central – Online Encyclopedia of Ohio History,* www.ohiohistorycentral.org/entry.php?rec=1642 (Stand: 9.1.2014)
6 Colborn et al. 1996, S. 19
7 Gargill 2009, S. 41
8 ebd., S. 43
9 Colborn et al. 1996, S. 48
10 ebd., S. 50

Plastik vergiftet den Menschen

Im Jahr 1941 erhält die Firma Du Pont das Patent auf PTFE oder auch Polytetrafluorethylen, ein »unverzweigtes, linear aufgebautes, teilkristallines Polymer aus Fluor und Kohlenstoff«. Was für Nichtchemiker ebensogut eine Umschreibung für Supermans Kryptonite sein könnte, ist besser bekannt unter dem Handelsnamen Teflon.
Viel Freude haben die Manager des Konzerns anfangs jedoch nicht mit ihrer neuesten Errungenschaft. Die Herstellungskosten dafür sind zu hoch, und zunächst weiß außerdem noch niemand so recht, wozu das auffällig temperaturstabile Material, dem aggressive Substanzen wenig anhaben können, gut sein soll. Wie bei so vielen Produkten, die später eine Karriere im alltäglichen Leben machen, ist auch hier die erste Anwendung eine militärische: Zuerst wird Teflon 1943 als Korrosionsschutz beim Kernwaffenbau eingesetzt.
Dann hat der französische Chemiker Marc Grégoire den Einfall, seine Angelschnur mit PTFE zu beschichten, um sie leichter entwirren zu können. Seine Ehefrau Colette hat sogar eine noch bessere Idee. Sie beginnt 1954, Töpfe und Pfannen damit zu beschichten, wodurch beim Braten das Essen nicht so leicht anbäckt; außerdem lässt sich das Geschirr viel leichter reinigen. Nach und nach werden diese Kochutensilien in die Vereinigten Staaten importiert. Und nun muss Du Pont handeln. Denn auf die Idee, Pfannen mit Teflon zu beschichten und so das Kochen zu erleichtern, sind auch die Amerikaner schon gekommen. Aufgrund von gesundheitlichen Bedenken hat Du Pont die Markteinführung jedoch immer wieder verschoben. Nun aber, da das billige französische Importprodukt den Ruf der Beschichtung selbst zu beschädigen droht – die Schicht zerkratzt sehr schnell und löst sich manchmal sogar ab –, beschließt Du Pont 1961, seine eigenen Produkte auf den Markt zu bringen.
Zwei Jahrzehnte zuvor, während des Zweiten Weltkriegs, hatten die Forscher herausgefunden, dass sich Teflon bei 350 Grad Celsius zersetzt und dabei Dämpfe frei werden. Das wurde publik, und je öfter die Geschichte erzählt wurde, desto schreckenerregender wurden die Dünste in den Beschreibungen. Wer sie einatmet, hat mit dem

sofortigen Tod zu rechnen, so heißt es zuweilen gar. Von Mitte der 1950er-Jahre an wird immer wieder von einem Mann berichtet, der kurz nachdem er eine mit Teflon verunreinigte Zigarette geraucht hatte, gestorben war. Das neue Haushaltsmaterial scheint das Potenzial zur biochemischen Waffe zu haben, zumindest gerüchtehalber – keine wirklich idealen Voraussetzungen für eine Markteinführung. Als die mit dem Kunststoff beschichteten Pfannen dann da sind, gibt sich Du Pont darum alle Mühe, die Konsumenten zur sachgerechten Benutzung zu erziehen. Kein metallenes Besteck dürfe darin verwendet werden, um die geschlossene Oberfläche nicht zu zerkratzen, schärfen die Verkäufer ihren Kunden ein. Wenn man sich an die Regel halte, stehe dem vergnüglichen Kochen und Braten der Zukunft jedoch nichts im Wege. Es brenne nichts mehr an, und das mühsame Schrubben gehöre ein für alle mal der Vergangenheit an.

Doch so schnell lässt sich das Vertrauen der Verbraucher nicht gewinnen, die schauerlichen Geschichten über die Gefahren des Materials wollen einfach nicht verschwinden. Du Pont veröffentlicht daraufhin eine zwanzigseitige Gegendarstellung mit dem Titel »Anatomie eines Gerüchts«.[1] Man sei die falschen Anschuldigungen langsam leid, heißt es darin, und die Firma hebt die absolute Sicherheit von Teflon hervor, mit Verweis auf unzählige Tests, die eben jene bescheinigen sollen. In Frankreich zum Beispiel hätten Meerschweinchen die Dämpfe einer Pfanne, deren gesamte Beschichtung sich verflüchtigt hatte, unbeschadet überstanden. Weiter hätten firmeneigene Untersuchungen ergeben, dass die Ausdünstungen einer überhitzten Pfanne nicht giftiger seien als jene, die bei der Überhitzung von dreißig Gramm Speiseöl entstehen. Das Verhältnis der Käuferschaft zu den Teflonpfannen bleibt noch eine Weile ambivalent, aber schließlich setzen sie sich doch im Haushalt durch – sie sind einfach zu praktisch!

An der Entwicklung des Verhältnisses der Verbraucher zum Teflon zeigt sich exemplarisch, wie sich die gesellschaftliche Einstellung zu Kunststoffen im allgemeinen verschiebt. Die Nutzer finden sich mit den Gefahren ab und versuchen eben, die Teflonpfanne so wenig wie möglich zu zerkratzen – falls es doch passiert: Man wird schon nicht gleich daran sterben. Ängste in Bezug auf das künstliche Material treten in den folgenden zwanzig Jahren in den Hintergrund, die Konsumenten verlieren ihre Scheu. Und wenn die Medien dann doch einmal von Menschen berichten, denen Kunststoff nicht bekommt, dann scheint es sich bei den Betroffenen um seltsame Wesen zu handeln – wie jene Frau, über die das US-amerikanische Boulevardmagazin *National Enquirer* 1984 berichtet. Diese »Gefangene der modernen Welt« reagiere allergisch auf das moderne Leben.[2] Sie müsse auf einem einsamen Berg wohnen, weil sie überempfindlich sei gegenüber Phenol, Formaldehyd und die meisten Kohlenwasserstoffe. Darum meide sie jede Form von Plastik und synthetischen Geweben; die wenigen Male, wo sie ihre einsame Berghütte verlässt, benutze sie eine Sauerstoffmaske, um nicht die Plastikdämpfe ihres Autos einatmen zu müssen. Offensichtlich handelt es sich um eine Art Alien.

Zweifel an der Unbedenklichkeit von synthetischen Stoffen regen sich erst später wieder, und zwar an der Tufts Medical School in Boston, ein paar Tage nach Weihnachten 1987. Zusammen mit ihrem Kollegen Carlos Sonnenschein führt Ana Soto gerade Experimente durch, die die Wirkung von Östrogenen auf die Entwicklung von Brustkrebs erforschen. Die beiden beschäftigen sich schon länger mit der Frage, welcher Einfluss das Wachstum der Zellen auslöst. Soto und Sonnenschein arbeiten schon seit Jahren mit Zellkulturen, und bislang läuft alles einigermaßen wie geplant. Aber nun scheint alles auf den Kopf gestellt. Auf der Zellkulturplatte mit Brustkrebszellen, die Sonnenschein vier Tage zuvor angesetzt hat, ist eine spektakuläre und unerklärliche Veränderung zu erkennen. Völlig unabhängig davon, mit welcher Östrogendosierung im Serum die Brustkrebszellen konfrontiert worden sind, haben sie sich rasend vermehrt. Irgendetwas ist grundlegend schief gelaufen. Aber was?

Vielleicht ist das zugesetzte Östrogen verunreinigt worden, denn auf allen Kulturplatten, an denen die Forscher sonst noch arbeiten, verhalten sich die Zellen völlig normal. Also beginnen die beiden Wissenschaftler noch einmal von vorne – neue Zellen, neues Experiment. Doch das Ergebnis ist dasselbe. Die Zellen wuchern explosionsartig. Wieder und wieder gehen Soto und Sonnenschein ihre Unterlagen durch, ohne eine Erklärung zu finden für das, was sie zu sehen bekommen. Die beiden Wissenschafter sind der Verzweiflung nah. Etwas Beunruhigendes und Merkwürdiges geschieht vor ihren Augen, aber sie können die Ursache für die wilde Vermehrung der Krebszellen nicht finden.

Vier Monate vergehen, bis ihnen klar wird, dass nur ein »Phantom-Östrogen« die Experimente dermaßen beeinflussen kann, etwas, das sich wie das Hormon verhält, obwohl es etwas anderes ist. Da ihnen jeder Hinweis auf die wahre Identität dieses Stoffs fehlt, müssen sie ihm durch ein mühseliges Ausschlussverfahren auf die Spur kommen. Jeden einzelnen Schritt ihrer Versuchsanordnung und alle dafür verwendeten Geräte halten sie akribisch fest, wiederholen anschließend das Experiment mit kleinen Veränderungen bei jedem Durchgang. Vielleicht ist ja die Glaspipette nicht gründlich genug gereinigt worden, also benutzen sie ganz neue Pipetten. Kann die Aktivkohle, mit der das Serum gefiltert worden ist, schuld sein, muss sie ausgetauscht werden? Oder ändert sich etwas, wenn man mit den Versuchen in ein ganz anderes Labor umzieht? Was sie auch probieren, es macht nicht den geringsten Unterschied.

Es passiert erst etwas, als Sonnenschein die Plastikröhrchen wechselt, in denen das Serum aufbewahrt wird. Sie benutzen diese Röhrchen schon seit Jahren, und doch scheint etwas in ihnen plötzlich ihre Umgebung zu beeinflussen. Das Plastik sondert offenbar etwas ins Serum ab, auf das die Krebszellen wie auf Östrogen reagieren – mit unkontrolliertem Wachstum. Einerseits sind Soto und Sonnenschein froh, endlich zu wissen, warum sich die Brustkrebszellen so verhalten. Andererseits aber macht ihnen Angst, was sie herausgefunden haben. Denn was hier bei ihren Plastikröhrchen geschieht, kann sich bei allen möglichen Plastikprodukten, die von Menschen verwendet werden, genauso abspielen. Sie wollen nun ihrem Verdacht mit wissenschaftlicher Präzision auf den Grund gehen und führen deshalb eine Versuchsreihe mit hormonfreiem Serum aus gekennzeichneten Plastikröhrchen durch. Das Ergebnis ist verblüffend. Auf Serum aus manchen Röhrchen reagieren die Brustkrebszellen, als kämen sie mit Östrogen in Berührung. Bei anderen, absolut identisch aussehenden

Röhrchen hingegen geschieht gar nichts. Am 12. Juli 1988 setzen sich Sonnenschein, Soto und andere Wissenschaftler der Tufts Medical School mit Vertretern der Firma, die die Röhrchen produziert, zusammen.[3] Ja, das könne schon sein, dass sich die einen so verhielten und die anderen anders, räumen die Repräsentanten des Kunststoffherstellers ein. Denn vor Kurzem habe man das Kunststoffharz verändert, um das Produkt elastischer und weniger spröde zu machen. Die Katalognummer sei gleich geblieben, und so sei es durchaus möglich, dass die gleichen, zu unterschiedlichen Zeitpunkten bestellten Röhrchen verschiedene Eigenschaften hätten. Was genau der neue Zusatzstoff sei, der sich ja offenbar nicht nur auf die Elastizität des Kunststoffharzes signifikant auswirke, kann leider nicht beantwortet werden – »Firmengeheimnis«.

Da der Hersteller trotz gesundheitlicher Risiken seiner Fabrikate keine Anstalten macht, zu kooperieren, bleibt Soto und Sonnenschein nichts anderes übrig, als auf eigene Faust weiter zu arbeiten. Wiederum Monate später gelingt es ihnen, die für die östrogenähnliche Wirkung verantwortliche Verbindung so weit zu isolieren, dass sie identifiziert werden kann. Ende 1989 wissen sie endlich, dass es sich um p-Nonylphenol handelt, das weltweit von Kunststoffherstellern gerne den Verbindungen Polystyrol und Polyvinylchlorid – besser bekannt als PVC – hinzugefügt wird, um seine Stabilität zu erhöhen.

Soto und Sonnenschein beginnen, die wenige wissenschaftliche Literatur, die es über p-Nonylphenol gibt, zu studieren. Ihre Besorgnis nimmt davon nicht unbedingt ab. Einer Studie entnehmen sie, dass auch in der Lebensmittelverarbeitungs- und Verpackungsindustrie p-Nonylphenol-haltiges PVC verwendet wird. Ein anderer Artikel berichtet über die Abgabe von p-Nonylphenol aus Plastikbehältern ins Wasser. Sie müssen sogar feststellen, dass bei der Synthese einer Verbindung, die in manchen cremeförmigen Verhütungsmitteln enthalten ist, p-Nonylphenol verwendet wird.[4] Soto und Sonnenschein injizieren Ratten die in den Laborröhrchen gefundene Substanz, um herauszufinden, ob die Substanz nur in den Kulturschalen oder auch bei Lebewesen wie Östrogen wirkt. Bei Rattenweibchen, denen die Eierstöcke entfernt worden sind, regt das p-Nonylphenol die Uterus-

schleimhaut so an, als hätten sie Östrogen erhalten. Die beiden Forscher veröffentlichen ihre Forschungsergebnisse im Jahre 1991. Es sind die ersten Belege dafür, dass die weitverbreiteten und in ihren Konsequenzen nur vermeintlich sorgfältig untersuchten Verbindungen den Hormonhaushalt stören können.
In der Stanford School of Medicine in Palo Alto sind Forscher fast zur gleichen Zeit mit einem ähnlichen Phänomenen konfrontiert. Auch dort wird ein mysteriöses Östrogen in Labormaterial aus Plastik nachgewiesen, diesmal in Polycarbonat. Und die Substanz, die dafür verantwortlich ist, ist in dem Fall nicht Nonylphenol, sondern Bisphenol A. Das Polycarbonat wird unter anderem zur Herstellung von Laborflaschen und Trinkwasserkanistern verwendet. 1993 berichten die Wissenschaftler in einem Artikel über ihre Entdeckung. Und sie beschreiben auch eine Unterredung, die sie zu dem Thema mit Vertretern des Polycarbonatherstellers haben. Den Verantwortlichen der Firma ist bewusst, dass ihr Produkt insbesondere bei höheren Temperaturen sowie unter Einwirkung von ätzenden Reinigungsmitteln Bisphenol A freisetzt. Deswegen haben sie ein spezielles Spülsystem vorgesehen, durch die das Problem beseitigt werden sollte – und bei den Untersuchungen der Erzeugnisse durch den Hersteller kann dann auch kein Bisphenol A nachgewiesen werden.
Wie sich herausstellen soll, liegt des Rätsels Lösung in der Nachweisgrenze. Mit den chemischen Tests des Plastikherstellers lassen sich nur Mengen über zehn Teile pro Milliarde (ppb) erkennen. Das Team aus Stanford aber hat festgestellt, dass zwei bis fünf Teile Bisphenol A pro Milliarde bereits ausreichen, um Zellen im Labor zur selben Reaktion zu veranlassen, die sie auch unter Einfluss von Östrogen zeigen. Nicht unbedingt die Dosis der Substanz erweist sich als »giftig«, so die Erkenntnis der Forscher, sondern schon minimalste Veränderungen im Hormonsystem können weitreichende Folgen haben.
Stoffe, die dafür verantwortlich sind, nennt man »falsche Boten«. »Sie geben falsche Informationen an unseren hochkomplexen Organismus ab«, erklärt der Innsbrucker Umweltmediziner Klaus Rhomberg. »Bevor sich die Forschung mit den ›falschen Boten‹ beschäftigt hat, ist man der Überlegung nachgegangen: Welche Körperfunktionen können

als Erstes gestört werden? Ist es die Leber, die Niere oder Muskelzelle? Das sind relativ einfach funktionierende Organe, die erst bei hohen Vergiftungsdosen überhaupt ansprechen. Aber wir haben sehr komplexe Funktionssysteme wie das zentrale Nervensystem, die Entwicklung des Kindes im Mutterleib und die Fortpflanzungsfähigkeit – und diese äußerst sensiblen Bereiche werden durch das Hintergrundrauschen der falschen Informationen gestört.«[5]
Lange Zeit glaubte man, dass Plastik ein inerter Stoff sei. Als chemisch inert werden Substanzen bezeichnet, die unter den jeweils gegebenen Bedingungen mit anderen Substanzen überhaupt nicht oder nur in praktisch nicht wahrnehmbarem Maße reagieren. Zwar mochten im Plastik Problemstoffe enthalten sein, da man sie aber für chemisch gebunden hielt, konnten sie weder in natürliche Kreisläufe gelangen noch in die Nahrungskette oder den menschlichen Organismus, so die verbreitete Auffassung. Doch das stimmt nicht, erklärt Klaus Rhomberg: »Plastik zerfällt im Lauf der Jahre. Über Hitze, über Abrieb, über Benutzung, über natürlichen Zerfall.« Dass die Zusatzstoffe aus dem Material entweichen, ist normal, es bedarf dafür keiner besonderen Belastung – diese beschleunigt vielleicht den Zerfall. Aber auch ohne dass Kunststoff zerkratzt oder chemisch angegriffen wird, entweichen daraus Moleküle. Das macht sich unter anderem in einem charakteristischen Plastikgeruch bemerkbar. Dieser ist zum Beispiel in jeder leeren, sauberen Haushaltsaufbewahrungsbox zu erschnuppern, wenn man nach einiger Zeit den Deckel lüftet.
Die Erkenntnisse von Soto und Sonnenschein haben die Diskussion über die Gefahren, die von Kunststoff ausgehen, auf eine neue Ebene gebracht. Denn bis dahin war man davon ausgegangen, dass es nur dann zu einer Schädigung der Gesundheit kommt, wenn jemand großen Mengen eines Giftes ausgesetzt wird. So wie zum Beispiel die Arbeiter im Chemiewerk in Marghera.

1 und 2 vgl. Meikle 1997, S. 247f
3 vgl. Colborn et al. 1996, S. 183
4 ebd., S. 185
5 Klaus Rhomberg im Interview mit den Autoren

Plastik vergiftet den Menschen | **Katastrophen**

Porto Marghera ist ein auf dem Festland gelegener Teil der Stadt Venedig. Zusammen mit dem benachbarten Mestre werden die Bezirke aufgrund ihrer industriellen Prägung auch als die »hässlichen Schwestern« der Lagunenstadt bezeichnet. Hier wurde ab 1962 Industrie angesiedelt, und hier wird auch das Wasser Venedigs nachhaltig verschmutzt. Achtzig Millionen Kubikmeter Industrieabfälle wurden bis 1998 von dort in die Lagune gespült.
»1956 hat mein Vater in der Fabrik zu arbeiten begonnen«, erzählt Beatrice Bortolozzo. »Er war in einer Abteilung, in der Vinylchlorid hergestellt wurde. Er hatte fünf Kollegen, und sie alle sind an Krebs gestorben. Er war der einzige Überlebende.«[1] Aber nur, weil er nicht an Krebs starb, heißt das nicht, dass er gesund war. Auch ihn hatte das Vinylchlorid vergiftet, Gabriele Bortolozzo litt am sogenannten Reno-Syndrom, das die Extremitäten taub werden lässt. »Hände und Füße werden bleich, fast weiß, und fühlen sich eiskalt an. Mein Vater war überzeugt, dass ein Zusammenhang zwischen Vinylchlorid und den Krankheitsfällen innerhalb des Konzerns besteht. So fing er an, Nachforschungen anzustellen.«
Die meisten Arbeiter weigerten sich, mit ihm zu sprechen, aus Angst, ihre Anstellung zu verlieren. Und die Gewerkschaften beschuldigten ihn, von der Konkurrenz beauftragt und bezahlt zu sein. Daraufhin gründete Gabriele Bortolozzo eine alternative Gewerkschaft und engagierte sich in der »Bewegung für Gesundheit am Arbeitsplatz«.
1994 veröffentlichte er in der Zeitschrift *Medicina Democratica* die Ergebnisse einer von ihm durchgeführten Untersuchung über Todesfälle und Erkrankungen bei den Konzernen Montedison und Enichem. Befragungen von Arbeitern, deren Kollegen und Angehörigen hatten ergeben, dass zwischen 1970 und 1980 bei der Herstellung des hochgiftigen Monomers Vinylchlorid (VCM) und des Kunststoffs PVC sowie bei der Wartung und Säuberung der Anlagen 149 Arbeiter an Leber-, Lungen- oder Kehlkopfkrebs gestorben waren. Weitere 377 hatten sich im Umgang mit PVC, VCM und anderen chlororganischen Verbindungen unterschiedlich schwere Erkrankungen zugezogen.

Der Einzige, der sich der Arbeiterinteressen in diesem Fall annehmen wollte, war ein für seine Unerschrockenheit berüchtigter Staatsanwalt, Felice Casson. »Was die Gefahren bei diesen Nachforschungen betrifft, kann ich nur sagen, dass ich gewohnt bin, explosive Fälle zu vertreten«, sagt der Mann, der seine Gäste in einem noblen venezianischen Palazzo empfängt. »Ich habe mich auf Geheimdienste, internationalen Waffenhandel und Nahostterrorismus spezialisiert. So war ich innerlich bereits auf einen harten Kampf gegen multinationale Konzerne vorbereitet.«[2] Und ein harter Kampf sollte es wirklich werden. Denn die Unternehmer taten alles, um dem eindeutig zu neugierigen Fabrikarbeiter Gabriele Bortolozzo das Leben schwer zu machen. »Man hat ihn innerhalb des Unternehmens isoliert«, erzählt seine Tochter, »und sie wollten ihn dazu bringen, zu kündigen. Man konnte ihn nicht einfach entlassen, das wäre einem Schuldeingeständnis gleichgekommen.«

Alle betroffenen Konzerne, unter ihnen auch der italienische Konzern Montedison, haben einen Vertrag unterzeichnet, demzufolge sämtliche Daten, die die krebserregenden Wirkung von PVC belegen, alle Recherchen zu dieser krebserregende Substanz unter Verschluss gehalten werden sollen, erklärt der Staatsanwalt. »Wer immer in den Besitz solcher Beweise kam, wurde in dieses Abkommen eingebunden und hatte einen Geheimhaltungsvertrag zu unterschreiben. Diesen Vertrag haben wir schließlich gefunden und dem Gericht vorgelegt.« Um die daraufhin immer noch schleppend verlaufenden Ermittlungen in Gang zu bringen, schaltete Casson schließlich eine große Anzeige in den beiden venezianischen Tageszeitungen, in der er alle Erkrankten und hinterbliebenen Verwandten aufforderte, sich bei ihm zu melden. Auf die Art kamen nicht nur Beweise zusammen, sondern auch die stattliche Zahl von 507 Nebenklägern.

Am 13. März 1998 begann der von insgesamt 563 Klägern angestrengte Prozess gegen die Leitung des führenden italienischen Chemiekonglomerats in Mestre. Innerhalb der Verhandlungen wurde auch darüber debattiert, wie hoch eigentlich die Umweltschäden seien, die der Chemiestandort von Porto Marghera verursacht habe. Der römische Ökonom Paolo Leon kam bei seiner im Rahmen des Verfahrens angestellten Berechnung auf eine Summe von damals umgerechnet 35,5 Milliarden Euro – so viel sollte eine Sanierung der Schäden aus vier Jahrzehnten auf dem venezianischen Festland und in der Lagune kosten. So »teuer« ist der auf der Basis des monomeren Vinylchlorids (VCM) aufbauende Produktionszyklus, bei dem aus dem hochtoxischen und krebserregenden Material PVC gewonnen wird, aus ökologischer Sicht – Kosten, die zweifellos nicht in die Herstellung mit einkalkuliert sind. Cassons Anklage lautete auf Umweltkriminalität und fahrlässige Tötung. Denn die Chemiebosse hätten nicht nur im Umgang mit der Umwelt fahrlässig gehandelt, sie hätten auch auf die Gesundheit ihrer Arbeiter keinerlei Rücksicht genommen.

Im Mai 1998 boten Montedison und Enichem den Geschädigten im Gegenzug zum Fallenlassen der Klage Entschädigungszahlungen in Höhe von 63 Milliarden Lire oder umgerechnet 30 Millionen Euro.[3] Das Geld sollte an mehr als 300 Leute gehen, an kranke Arbeiter und die Verwandten derer, die gestorben waren. Dieses bemerkenswerte Angebot von 100.000 Euro pro Person (vorausgesetzt, jeder bekäme gleich viel) dürfe jedoch keinesfalls als Schuldeingeständnis verstanden werden, es sei lediglich ein Zeichen des guten Willens, so der Anwalt von Enichem gegenüber der italienischen Nachrichtenagentur ANSA. Viele ließen sich auf den Vergleich ein. Sie wollten nicht ein Leben lang auf die Auszahlung warten, zumal die erkrankten Arbeiter sich nicht so sicher sein konnten, wie lang dieses Leben noch dauern würde. Die Söhne von Gabriele Bortolozzo jedoch machten weiter und führten den Kampf ihres Vaters, der 1995, nach Veröffentlichung seiner erschreckenden Erhebungsergebnisse und vor Beginn des Prozesses, bei einem Verkehrsunfall ums Leben gekommen war, fort. Er sollte nicht umsonst gestorben sein.

Vor Gericht rechtfertigten sich die Funktionäre der chemischen Industrie, sie hätten keine genauen Kenntnisse über die »delikaten technischen Fragen« des Produktionsprozesses gehabt. In seinem Schlussplädoyer hielt Felice Casson die 28 Angeklagten nichtsdestoweniger der mehrfachen fahrlässigen Tötung und des Umweltfrevels für überführt. Für Eugenio Cefis, Alberto Grandi, den vormaligen Geschäftsführer von Montedison und Vizepräsidenten von Montefibre sowie

Professor Emilio Bartalini, den Leiter des zentralen Gesundheitsdienstes von Montedison, forderte Casson je zwölf Jahre Haft. Das für alle Angeklagten zusammen beantragte Strafmaß betrug 185 Jahre. »Einige Stunden vor dem Urteilsspruch hat die Montedison angeboten, eine Entschädigung über 525 Milliarden damaliger Lire (ca. 260 Millionen Euro) zu zahlen, davon 25 Milliarden gleich in bar für die geschädigten Nebenkläger und 500 Milliarden für die Umweltschäden. Dies ist eine sehr erstaunliche Sache, eine derart hohe Entschädigungssumme ist in Italien noch nie bezahlt worden. Niemand im Gerichtsasaal hatte das erwartet, nicht einmal die Anwälte der Angeklagten«, zitieren ihn die *Blätter für deutsche und internationale Politik*.[4] Doch ganz unabhängig davon sprach das Gericht am 2. November 2001, gut dreieinhalb Jahre nach Aufnahme des Verfahrens, alle Angeklagten frei. Es lägen keine Straftatbestände vor.

Die Verseuchung der Umwelt und die tödlichen Auswirkungen der Produktion sind nun zwar aufgedeckt, aber verändert hat sich wenig, außer dass viele Venezianer keinen einheimischen Fisch mehr essen und Casson in Berufung gegangen ist. Am 15.3.2005 hob das Berufungsgericht den Freispruch auf und verurteilte fünf der Manager zu jeweils eineinhalb Jahren Haft – auf Bewährung, da nicht davon auszugehen sei, dass sie die Straftat noch einmal begehen.[5]

Dieses Muster ist bei den meisten Prozessen gegen multinationale Konzerne in Sachen Umwelt- und Gesundheitsschädigung zu beobachten. Nachdem sich die Verhandlungen über Jahre hinziehen, stehen am Schluss oft allenfalls Geldstrafen – Zahlungen, die für die Firmen nicht allzu schwer zu verkraften sind.

Als am 3. Dezember 1984 im indischen Bhopal, in einem Werk des US-Chemiekonzerns Union Carbide Corporation aufgrund technischer Pannen mehrere Tonnen giftiger Stoffe in die Atmosphäre gelangten, spielte sich die bisher schlimmste Chemiekatastrophe der Geschichte ab. Schätzungen der Opferzahlen reichen von 3.800 bis 25.000 Toten durch direkten Kontakt mit der Gaswolke sowie bis zu 500.000 Verletzten, die mitunter bis heute unter den Folgen des Unfalls leiden. Die Schätzungen divergieren stark, weil niemand weiß, wie viele Menschen sich in dem Elendsviertel rund um das Werk wirklich aufhielten. Es lebten damals etwa 100.000 Menschen in einem Radius von nur einem Kilometer rund um die Pestizidfabrik. Die indischen Behörden hatten die Ansiedlung zunächst geduldet, später sogar mit der Übertragung des Landes an die Bewohner legalisiert. Tausende Menschen waren nach der Katastrophe erblindet, unzählige erlitten Hirnschäden, Lähmungen, Lungenödeme, Herz-, Magen-, Nieren- und Leberleiden, wurden unfruchtbar. Später kamen Fehlbildungen an Neugeborenen und Wachstumsstörungen bei heranwachsenden Kindern folgender Generationen hinzu.

Gleich nach der Katastrophe am 3. Dezember 1984 reisten Dutzende US-Anwälte nach Bhopal, wo sie unbedarfte Betroffene Vertretungsvollmachten unterschreiben ließen – in dieser Geschichte steckte viel Geld, so viel war klar. An der New Yorker Börse stürzte der Kurs der Aktien von Union Carbide in den Keller.»Bei 2.850 Toten (inoffiziell 5.000), 20.000 Schwerverletzten und möglicherweise einer halben Million Geschädigten erwartete man den größten Schadensersatzprozess aller Zeiten«, resümierte DER SPIEGEL 1988.[6] Kaum jemand vertraute noch den Beteuerungen der Konzernchefs, Union Carbide werde dies alles mehr oder weniger unbeschadet überstehen.

Doch schon bald verbuchten die Anwälte der Firma die ersten Erfolge. Zunächst gelang es ihnen, vor amerikanischen Gerichten die Zuständigkeit der indischen Gerichtsbarkeit durchzusetzen. Damit war die Gefahr der US-typischen astronomischen Schadensersatzforderungen aus der Welt. Dann verwickelte Union Carbide ihrerseits die indische Regierung in einen erbitterten Rechtsstreit. Diese habe in Bhopal ihre Aufsichtspflicht vernachlässigt und den Konzern sogar daran gehindert, den Betrieb der Industrieanlage zu überwachen und zu steuern. Und schließlich behauptete das Unternehmen noch, ein Sabotageakt habe die Katastrophe ausgelöst, weswegen Union Carbide nicht dafür zur Rechenschaft zu ziehen sei.

Die einzigen, die wirklich in den Genuss der bei den Auseinandersetzungen fließenden Millionen kamen, waren die Anwälte und Gutachter. Sie kassierten bis 1988 über 50 Millionen Dollar an Honoraren und Spesen.[7] Nach zähen Verhandlungen und gegen Verzicht auf Strafverfolgung zahlte der Chemieriese letztlich durch ein 1989 vom Obersten Gericht Indiens gefälltes Urteil nicht mehr als 470 Millionen Dollar an den indischen Staat, der das Geld nur in geringen Teilen für die Opfer aufwendete; weitere 250 Millionen US-Dollar zahlten Versicherungen – gemessen am Ausmaß der Katastrophe, ihren langfristigen Auswirkungen und der Zahl der Opfer vergleichsweise lächerliche Summen. Der Jahresumsatz von Union Carbide betrug damals 9,5 Milliarden Dollar.

General Electric, der Konzern, der den Hudson River über Jahrzehnte mit PCB vergiftet hatte, kämpfte jahrelang gegen die Auflagen, das verseuchte Ufer abtragen zu müssen. Nach Angaben kritischer Aktionäre gab das Unternehmen zwischen 1990 und 2005 122 Millionen Dollar nicht etwa für die Sanierung des Ufers aus, sondern für Lobbying und Anwälte, um genau diese reale Wiedergutmachung auf Firmenkosten zu vermeiden.[8]

Man muss jedoch gar nicht in die Ferne schweifen, um auf Skandale im Zusammenhang mit der Kunststoffproduktion zu stoßen. PVC ist dabei der erste Stoff, dessen gesundheitsgefährdendes Potenzial erkannt wurde – und zwar in Deutschland. »Was ist los im PVC-Betrieb?« fragte bereits im März 1973 die Betriebszeitung der Dynamit Nobel AG in Troisdorf bei Köln. Bei den Chemiearbeitern häuften sich die Fälle von schweren Knochen- und Leberschädigungen. Im August des gleichen Jahres ging im Bundesarbeitsministerium ein anonymer Brief mit dem Titel »PVC-Krankheit, was tun?« ein. Im Dezember 1973 berichtete *DER SPIEGEL* unter der Überschrift »Gefährlicher Kunststoff« über die Vorgänge in Troisdorf. »Rohre und Rolläden, Nachtgeschirr und Tagesbedarf, Vorhänge und Folien, Tand und Tinnef: Aus PVC, dem abriebfesten, zähen Kunststoff, lässt sich nahezu alles formen. Fast eine Million Tonnen Polyvinylchlorid brachten allein die deutschen Hersteller im letzten Jahr unters Volk. Unter die Erde brachte PVC eine bisher unbekannte Zahl von Chemiearbeitern. Denn die Produktion des begehrten Werkstoffs, der sich so vielseitig mit Weichmachern, Füll- und Farbstoffen kombinieren lässt, dass er innerhalb von zwei Jahrzehnten zu einer tragenden Säule des Kunststoffzeitalters wurde, ist offenbar sehr viel gefährlicher, als bisher angenommen wurde.«[9]

Die gesamte bundesdeutsche PVC-herstellende Industrie beschäftigte Anfang der 1970er-Jahre ungefähr 6.500 Arbeiter, von denen circa tausend in direktem Kontakt mit Vinylchlorid standen, dem Stoff, der später auch im italienischen Marghera für Aufruhr sorgt. Eine eigene »Vinylchloridkrankheit« diagnostizierten Mediziner der Bonner Universitätsklinik im selben Jahr bei 40 von 120 PVC-Arbeitern. Das Krankheitsbild zeichnete sich durch eine »ernste Prognose und eine relativ hohe Sterblichkeit überwiegend junger Männer« aus. Das Vinylchlorid schädige Blut und Blutgefäße, Knochen, Nerven, Leber und Lunge, schrieb *DER SPIEGEL* und listete Organveränderungen auf, die sich schon bei 18-monatiger Betriebszugehörigkeit nachweisen lassen: »Leber und Milz waren vergrößert, die Struktur und Funktion ihrer Zellen nachhaltig gestört. Bindegewebe wuchert in den Organen. Die Hände waren mangeldurchblutet, weil die arteriellen Gefäße sich krankhaft verengt hatten. Die Fingerknochen lösten sich langsam auf. In fortgeschrittenen Fällen waren sie fast völlig zerstört. Das blutbildende System und die Blutgerinnung waren in Mitleidenschaft gezogen. Das Atmen fiel den Betroffenen immer schwerer.«
Tun könnten die Ärzte gegen diese krankhaften Veränderungen wenig, hieß es, denn die Bindegewebsvermehrung in allen lebenswichtigen Organen sei »irreversibel«. Die Firmenleitung von Dynamit Nobel beschloss 1975, den PVC-Polymerisationsbetrieb zu schließen, weil sich abzeichnete, dass die Arbeits- und Umweltschutzauflagen das Unternehmen teuer zu stehen kommen könnten. Wenigstens die Verbraucher kann *DER SPIEGEL* beruhigen. Für die Anwender von PVC bestehe keine Gefahr, es sei denn, »ein Weichmacher wandert aus«. Solch eine Freisetzung giftiger Substanzen sei freilich »seit längerem nicht mehr beobachtet worden«.[10]
Ein paar Jahre später wird man Anhaltspunkte dafür entdecken, dass Gift aus dem PCV damals wie heute, beobachtet oder nicht, permanent in die Umwelt migriert. Die als Weichmacher verwendeten Phthalate werden vorwiegend mit der Nahrung und der Atemluft aufgenommen. Sie stehen in Verdacht, beim Mann zu Unfruchtbarkeit, Übergewicht und Diabetes zu führen. Bei zu niedrigen Temperaturen verbranntes PVC setzt das Nervengift Dioxin frei.

Die Industrie streitet die von dem Material ausgehenden Gefahren schlicht ab und ignoriert entsprechende Warnungen; diejenigen, die das Problem thematisieren, werden gerne als Spinner disqualifiziert. Udo Tschimmel, dem Autor des industrienahen und faktenreichen Buchs *Die Zehntausend-Dollar-Idee* von 1989 ist die problematische Seite von PVC gerade einmal einen Nebensatz wert. »Damals war PVC noch weit davon entfernt, durch das giftige Vinylchlorid und diverse Weichmacher ins Visier von Kritikern zu geraten.«[11] Und im ebenfalls äußerst industrieaffinen *Porträts in Plastik* schreibt Siegfried Heimlich noch 1998 in unverhüllt propagandistischem Tonfall: »Wo immer in deutschen Landen eine Lagerhalle in Flammen aufgeht, wenn es in einem Warenhaus oder im Düsseldorfer Flughafen brennt, dann fällt garantiert der Name PVC. [...] Vor allem die ökologische Betroffenheitsszene und der grün agierende Politklüngel hat sich auf diesen Oldie des polymeren Zeitalters eingeschossen.«[12] Und das PVC? Das ist an seinem schlechten Ruf ganz und gar unschuldig. So viel steht jedenfalls für die Plastiklobby fest.

1   Beatrice Bortolozzo im Interview mit den Autoren
2   Felice Casson im Interview mit den Autoren
3   Egon Günther, »Fahrlässig vergiftet«, in: *Jungle World* 29/2001
4   Regine Igel, »Kein Maulkorb für den Staatsanwalt. Vom Nutzen italienischer Verhältnisse in der Justiz«, in: *Blätter für deutsche und internationale Politik* 11/2003, www.blaetter.de/artikel.php?pr=1666 (Stand: 9.1.2014)
5   vgl. Urteil des Berufungsgericht Venedig vom 15.3.2005, S. 749f (Corto di Appello Venezia, Appello Processo Petrolchimico di Porto Marghera)
6 und 7   vgl. »Bis zum Äußersten«, in: *DER SPIEGEL* 1/1988, S. 102f
8   vgl. Gargill 2009, S. 42
9 und 10   »Gefährlicher Kunststoff«, in: *DER SPIEGEL* 50/1973, S. 147
11   Tschimmel 1989, S. 133
12   Heimlich 1988, S. 71

Plastik vergiftet den Menschen | **Agenten im Körper**

Der Begriff »Hormon« ist heute selbstverständlicher Bestandteil unseres allgemeinen Sprachgebrauchs. Wir kennen ihn aus unterschiedlichen Zusammenhängen – Geschlechtsentwicklung, Gesundheit, Tierzucht. Doch was sind eigentlich Hormone? Das Wort tauchte 1905 zum ersten Mal auf. Aus dieser Zeit stammt auch das Verständnis, dass Hormone im engeren Sinn körpereigene Stoffe sind, die aus einer endokrinen Drüse in den Blutkreislauf abgegeben werden, um in anderen Organen eine spezifische Wirkung zu erzielen. Zu den hormonproduzierenden Organen gehören unter anderem Hoden und Eierstöcke, Bauchspeicheldrüse, Nebenniere, Schilddrüse und Nebenschilddrüse. Die Eierstöcke der Frau bilden nicht nur Eizellen, sondern auch Östrogene, also weibliche Sexualhormone, die mit dem Blut in die Gebärmutter gelangen, wo sie das Wachstum der Gebärmutterschleimhaut in Vorbereitung auf eine mögliche Schwangerschaft steuern. Eine Drüse im Kopf, die Hypophyse, fungiert bei alledem als wesentliches Steuerungssystem. Es teilt den hormonproduzierenden Organen mit, wann sie ihre chemischen Botschaften in welchen Mengen aussenden sollen. Die Hypophyse bezieht ihre Anweisungen wiederum vom Hypothalamus, einem Kontrollzentrum im Zwischenhirn, das den Hormonspiegel im Blut ständig überwacht. Werden die Hormonkonzentrationen zu niedrig oder zu hoch, dann sendet der Hypothalamus eine Botschaft an die Hypophyse. Diese gibt dann der entsprechenden endokrinen Drüse den Befehl, mehr, weniger oder vielleicht auch gar keine Hormone auszuschütten. Ohne dieses komplexe Austauschsystem würde der Körper nicht funktionieren, wäre vielleicht nicht einmal ein Körper – nur eine Ansammlung von fünfzig Billionen Zellen, die nicht wissen, was sie tun sollen.

Schon kleinste Mengen fremder Stoffe können das sensible Hormonsystem empfindlich stören. Der davon betroffene Mensch fällt nicht sofort tot um, oft zeigt er nicht einmal klar erkennbare Symptome. Umso nachhaltiger sind jedoch die Auswirkungen des Eindringens solcher Störstoffe. Ist der menschliche Organismus permanent damit konfrontiert, dann führt das nach und nach zu einer Veränderung des ganzen Systems. »Wir haben in den 1950er- und 1960er-Jahren in den Industrienationen 5 bis 7 Prozent Paare im fortpflanzungsfähigen Alter gehabt, die keine Kinder bekommen konnten«, sagt Klaus Rhomberg.[1] Der Anteil sei in den Industrienationen mittlerweile auf 15 bis 20 Prozent angestiegen, so der Umweltmediziner im Jahr 2009. Er führt diesen Anstieg auf hormonell aktive Schadstoffgruppen zurück, eine Schlussfolgerung, die sich durch ausreichend wissenschaftliche Studien belegen lasse.

Eine dieser Untersuchungen sorgte im Jahr 1992 unter Biomedizinern für gehöriges Aufsehen. Der dänische Wissenschafter Niels Skakkebaek hatte die Zahlen veröffentlicht, die ein systematischer Vergleich der gesamten Literatur über Spermienanalysen bei gesunden Männern seit 1938 ergeben hatte. Er und sein Team hatten dafür Studien mit den Daten von fast 20.000 Männern aus zwanzig Ländern in Nordamerika, Europa, Südamerika, Asien, Afrika und Australien herangezogen. Proben von Personen, bei denen man mit ungewöhnlich geringer Spermienzahl rechnen musste, zum Beispiel weil sie wegen Unfruchtbarkeit bereits in Behandlung waren, blieben unberücksichtigt. Im Laufe der vergangenen fünfzig Jahre sei die Zahl der Samenfäden im Sperma von ehedem 113 Millionen pro Milliliter auf nunmehr 66 Millionen gesunken, stellte Skakkebaek fest. Obendrein habe sich das Volumen des Ejakulats verringert, von im Schnitt 3,40 auf 2,75 Milliliter. Französische Wissenschaftler, die Skakkebaeks Ergebnisse zu widerlegen versuchten, beobachteten zu ihrer eigenen Verblüffung eine mit seinen Resultaten übereinstimmende Entwicklung: Bei 1351 gesunden Männern war die Zahl der Samenzellen zwischen 1973 und 1992 jedes Jahr um etwa zwei Prozent gesunken. Parallel war ein kontinuierlicher Zuwachs von missgebildeten oder unbeweglichen Spermien zu verzeichnen.

»Nicht der Mensch ist in Gefahr – aber der Hoden des Mannes«, erklärt Niels Skakkebaek.[2] Die sinkende Spermienzahl hänge eng mit dem Zustand der männlichen Keimdrüsen zusammen. Und um den scheint es nicht gut bestellt zu sein. Denn nicht nur steige die Zahl der an Hodenkrebs erkrankten Männer stetig an, auch Fehlbildungen der Geschlechtsorgane hätten zugenommen. In der Abteilung für Wachstum und Reproduktion der Universität Kopenhagen behandelte Skakkebaek etwa Jungen, deren Harnröhre nicht in die Eichelspitze mündet, sondern aus der Unterseite des Penis wächst. Manche Heranwachsende hatten zu kleine Hoden. Bei anderen waren einer oder beide Testikel zum Zeitpunkt der Geburt noch nicht bis in den Hodensack gewandert. Ein solcher Hodenhochstand begünstigt Sterilität und hat zudem ein höheres Krebsrisiko zur Folge. Warum aber kommt es zu all diesen Fehlentwicklungen? Für Niels Skakkebaek sind hormonstörende Chemikalien dafür verantwortlich. Ihr massiver, aber unbemerkter Eingang in den menschlichen Alltag und schließlich in seinen Organismus sabotiere Fruchtbarkeit und Entwicklung auf schleichende Weise, so der Forscher.[3]

Welche Substanzen nun genau das Hormonsystem so nachhaltig durcheinander bringen, lässt sich nicht so leicht sagen. Denn die verschiedensten Stoffe verbinden sich wie in einem Cocktail, erklärt der Umweltmediziner Hans-Peter Hutter. »Wir haben sehr viele Einzelstoffe, die in sehr niedrigen Konzentrationen auf uns einwirken. Dazu kommt, dass wir zu den vielen Stoffen nur sehr wenige Daten haben, was die langfristigen Folgen anbelangt. Der Cocktail-Effekt bezeichnet das Zusammenwirken der verschiedensten Substanzen.«[4] Das heißt, dass jede einzelne Substanz für sich weit unter den gesetzlichen Grenzwerten liegen mag. Da das menschliche Hormonsystem aber nicht nur mit einem Stoff konfrontiert ist – jeder für sich allein vielleicht ungefährlich –, sondern mit unzähligen Verbindungen, kann sich die Wirkung verstärken und so das System gestört werden. »Es gibt Millionen von solchen möglichen Konzentrationen und Gemischen. Da stößt man schnell an die Grenzen der Forschung«, beschreibt Hans-Peter Hutter das Problem, die Auswirkungen solcher Cocktailgemische wissenschaftlich zu untersuchen und ihre Folgen abzuschätzen.

Stoffe, die dem biologischen Stoffkreislauf eines Organismus eigentlich fremd sind, aber dennoch aktiver Bestandteil davon werden, werden als Xenobiotika bezeichnet. Dazu gehören unter anderem synthetisch hergestellte Farbstoffe, Pestizide und chlorierte Lösungsmittel.

»Diese Stoffe haben über Jahrmillionen in der Menschheitsentwicklung keine Rolle gespielt«, erläutert Umweltmediziner Klaus Rhomberg. »Der Mensch hat also keine Chance gehabt, sich an die Stoffe anzupassen. Man geht davon aus, dass 100.000 solcher xenobiotischer Substanzen weltweit produziert werden – und mit uns in Berührung kommen.«

Phthalate sind solche xenobiotischen Substanzen, und sie stehen seit einiger Zeit konkret im Verdacht, das menschliche Hormonsystem durcheinanderzubringen. Woher kommen nun diese Stoffe mit dem schwer auszusprechenden Namen in unser Leben?

Sie erst machen Kunststoff so vielseitig einsatzfähig und praktisch, ohne sie wären die Eigenschaften von Plastik deutlich begrenzter. Sie werden vor allem in PVC eingesetzt, das ohne Weichmacher ein hartes, sprödes Material ist. Phthalate finden sich heute in Kabeln, Fensterrahmen, Teppichböden und auch in Kinderspielzeug. Die Chemikalie bleibt nun nicht unbedingt in dem Material, welches sie elastisch und biegsam machen soll, sondern wird in winzigen Mengen in die Luft abgegeben, die wir atmen, sowie ins Wasser, das wir trinken; sind Phtalate in Nahrungsmittelbehältern enthalten, gelangen sie in unser Essen und damit ebenfalls in unseren Körper. Wir können die »nützlichen Weichmacher mit den unerwünschten Eigenschaften«, wie sie einem Dokument des deutschen Umweltbundesamtes genannt werden,[5] sogar über Nahrungsergänzungsmittel und Medikamente aufnehmen. Sie stecken in manchen Kapselhüllen, für die sie aktuell als Hilfsstoffe zugelassen sind. In Tierversuchen haben sich Phthalate als krebserregend, entwicklungstoxisch und reproduktionstoxisch erwiesen. Entsprechende Wirkungen wurden unter anderem bei den männlichen Nachkommen beobachtet und äußerten sich in verminderter Fruchtbarkeit und Missbildungen der Genitalien.

In letzter Zeit hat sich die Forschung mehr und mehr auf ein anderes Xeniobiotikum konzentriert, nämlich Bisphenol A. Dieser chemische Stoff soll das Hormonsystem von Menschen und Tieren beeinflussen, da er eine östrogenartige Wirkung hat. Mit einer verfrüht einsetzenden Geschlechtsreife bei Mädchen wird Bisphenol A ebenso in Verbindung gebracht wie mit Übergewicht bei Erwachsenen und Jugend-

lichen. Auch in Bezug auf Diabetes Typ 2, die Zunahme an Prostata- und Brustkrebsfällen und eine reduzierte Spermienzahl soll Bisphenol A eine Rolle spielen.
Die ersten Verdachtsmomente, dass Bestandteile von Plastik das Hormonsystem beeinflussen können, liegen circa zwanzig Jahre zurück und führten zu einer ganzen Kette von Untersuchungen zum Thema. Spanische Wissenschaftler der Universität Granada zum Beispiel analysierten in den 1990ern die Plastikbeschichtungen von Konservendosen – denn die normale Dosentomate ist heute nicht einfach in Weißblech verpackt; eine dünne Kunststoffschicht im Inneren soll verhindern, dass das konservierte Lebensmittel vom umgebenden Metall verunreinigt wird. Doch nun schien es, als wäre dabei der Teufel mit dem Beelzebub ausgetrieben worden.
Die Lebensmitteltoxikologin Fátima Olea und ihr Bruder Nicolás, ein auf Krebserkrankungen spezialisierter Arzt, waren bei ihrem Studium in Boston, wo sich im Labor der Wissenschaftler Soto und Sonnenschein das Plastikröhrchen-Mysterium abspielte, auf die potenziellen Gefahren der Kunststoffe aufmerksam geworden. In der Hälfte der zwanzig von ihnen untersuchten Konservendosen verschiedenster Hersteller aus den USA und aus Spanien entdeckten sie die Substanz, die ein Forscherteam aus Stanford erstmals als hormonaktiv identifiziert hatte: Bisphenol A. In manchen Fällen enthielten die Konservendosen 80 Teile pro Milliarde – das 27-fache dessen, was Brustkrebszellen im Labor in Stanford zum Wachsen gebracht hatte.[6]
Bisphenol A (BPA) ist eine Verbindung aus der Gruppe der Diphenylmethan-Derivate. Von der Alltagschemikalie werden weltweit jährlich mehr als drei Millionen Tonnen hergestellt. Bisphenol A findet sich heute praktisch überall: Es wird sowohl als Hauptbestandteil bei der Herstellung von Polycarbonatkunststoffen eingesetzt (woraus dann unter anderem Compact Discs, Plastikschüsseln oder Babyfläschchen gemacht werden) als auch bei der Produktion von Epoxidharzen (die wiederum zur Beschichtung von Konservendosen, für Folienverpackungen etc. verwendet werden).
Offiziell ist Bisphenol A ein sicherer Stoff. Die aktuelle EU-Risikobewertung von Bisphenol A stammt aus dem Jahr 2008 und beruht auf

Forschungsergebnissen, die unter anderem mit Finanzierung der Chemiekonzerne Bayer und BASF erzielt worden waren; unabhängige Studien wurden nicht herangezogen. Die EU kommt zu dem Schluss, dass bei sachgemäßer Verwendung von Produkten auf Bisphenol A-Basis für die Verbraucher kein Anlass zur Sorge bestehe. Ob ein Produkt Bisphenol A enthält oder nicht, ist auf diesem allerdings nicht ausgewiesen; ebensowenig werden Ratschläge zur »sachgemäßen Verwendung« mitgegeben.

Auch das deutsche Bundesinstitut für Risikobewertung teilte im Herbst 2008 als Reaktion auf Medienberichte zu neuen Studien mit: »Das BfR [...] sieht unter Berücksichtigung der Daten aus beiden Studien keinen Anlass, die bisherige Risikobewertung für Bisphenol A zu ändern. Wird die von der Europäischen Behörde für Lebensmittelsicherheit (EFSA) 2007 festgelegte tolerierbare tägliche Aufnahmemenge (TDI) von 0,05 Milligramm Bisphenol A pro Kilogramm Körpergewicht eingehalten, besteht für Verbraucher kein gesundheitliches Risiko.«

Leider ist es nun nicht so, dass die Verbraucher in irgendeiner Form Zugang hätten zu Daten, die es ihnen selber ermöglichen würden, sich in ihrer täglichen Aufnahme des Pseudo-Östrogens gezielt unter dem angegebenen Grenzwert zu bewegen.

Selbst wenn am Etikett abzulesen wäre, wie viel Bisphenol man sich über diesen Joghurtbecher oder jene Dose Mais gerade verabreicht: Vielleicht möchte der eine oder andere Konsument gar nicht teilnehmen an diesem humanmedizinischen Großversuch, dessen Resultat sich erst in zehn bis zwanzig Jahren am eigenen Gesundheitszustand oder dem der Nachkommen erkennen lassen wird. Immerhin haben mehr als vierzig Untersuchungen verschiedener universitärer und behördlicher Arbeitsgruppen ergeben, dass sich BPA bei Nagetieren schädigend auf die Entwicklung des Gehirns und anderer Gewebe auswirkt. Die Substanz komplett zu vermeiden, wird für den Verbraucher immer schwerer. Auch Schokoladenriegel zum Beispiel, vor einigen Jahren noch in Papier verpackt, sind inzwischen in Plastik eingeschweißt.

Grenzwerte sind etwas Relatives. In verschiedenen Ländern gelten oft unterschiedliche Regelungen; nicht selten werden sie mit den

Jahren nach unten oder auch einmal nach oben korrigiert. Was momentan für BPA festgelegt ist, gilt vielen Experten bereits als zu hoch. Und dennoch werden diese Grenzwerte derzeit von manchen Produkten bei Weitem überschritten. Das Schlimme daran ist, dass die hohen Konzentrationen bei jenen Artikeln gefunden werden, mit denen die Anfälligsten der Gesellschaft in engen Kontakt kommen, diejenigen, deren Körper sich noch in der Entwicklung befindet: Säuglinge.

Am 1. Oktober 2009 berichtete der Bund für Umwelt und Naturschutz Deutschland (BUND) über Tests, die an Babyschnullern durchgeführt worden waren. »In allen zehn durch ein Testlabor untersuchten Schnullern wurde Bisphenol A gefunden.«[7] Vor allem in den Plastikhaltern, in die der Sauger eingelassen ist, wurden Konzentrationen zwischen 200 und rund 2300 Milligramm pro Kilogramm Kunststoff entdeckt; in den Saugteilen der Latex-Schnuller selbst sowie bei einem der sechs untersuchten Silikon-Schnuller lagen die Analysewerte zwischen 80 und 400 Milligramm pro Kilogramm. Wie fest und wie häufig ein 8 Kilogramm schweres Baby an einem Schnuller maximal saugen bzw. nuckeln darf, bis es daraus seine individuelle, von der europäischen Behörde ausgerechnete Risikotoleranzmenge von 0,4 Milligramm Bisphenol A aufgenommen hat, ist bisher noch nicht wissenschaftlich untersucht und dementsprechend auch nicht auf dem Schnuller vermerkt.

Vor der Untersuchung vom BUND befragt, hatten mehrere Hersteller angegeben, definitiv ausschließen zu können, dass die Sauger Bisphenol A enthielten. »Eine mögliche Erklärung könnte darin liegen, dass Bisphenol A aus den Hartkunststoffhaltern in den weichen Saugteil diffundiert. Dafür spricht die hohe Mobilität von Bisphenol A sowie die Tatsache, dass in fast allen Schnullern mit hohen Konzentrationen der Chemikalie in den Saugern noch höhere Konzentrationen in den Kunststoffschildchen gefunden wurden. Angesichts der hohen Mengen lässt sich aber auch nicht ausschließen, dass Bisphenol A bereits den Ausgangsmaterialien beigemengt wurde.«[8]

Im Mai 2008 ging eine beunruhigende Meldung durch die Medien. Aus Plastikbabyflaschen löse sich Bisphenol A. Die Babyfläschchen aus

Kunststoff sind beliebt, weil sie leichter und bruchsicherer sind als jene aus Glas. Aber sie haben einen bedeutenden Nachteil: Wenn sie erwärmt werden oder in Kontakt kommen mit sauren Substanzen, können sich einzelne BPA-Moleküle herauslösen – und so in den menschlichen Körper gelangen. Aus diesem Grund beschloss die kanadische Regierung 2008, Babyflaschen aus Polycarbonat zu verbieten. Die europäische Lebensmittelbehörde EFSA dagegen setzte die Grenzwerte für BPA in Lebensmittelverpackungen auf das Fünffache herauf. Bis dahin hieß es, dass ein Mensch täglich höchstens zehn Mikrogramm BPA pro Kilogramm Körpergewicht zu sich nehmen solle, jetzt dürfen es 50 Mikrogramm (bzw. 0,05 Milligramm) sein. »Die EFSA stützte sich bei ihrer Entscheidung vor allem auf eine neue Zwei-Generationen-Studie an Ratten, die jedoch nach Recherchen der *Süddeutschen Zeitung* von der Industrie finanziert wurde und bislang nicht publiziert ist«, schrieb *Die Welt* am 1. Mai 2008.[9]
Für Gilbert Schönfelder von der Universität Würzburg ist die Erhöhung der Grenzwerte der falsche Weg. Schon seit Jahren forscht der Toxikologe zu dieser Frage. In einem offenen Brief vom 31. Juli 2008 an die Direktorin der EFSA sowie in Pressemitteilungen übt Prof. Schönfelder zusammen mit seinen Kollegen Prof. Chahoud und Dr. Gies deshalb auch öffentlich Kritik an der europäischen Nahrungsmittelbehörde. Diese habe in der Stellungnahme »Toxicokinetics of Bisphenol A« auf der Grundlage von nicht zutreffenden Argumenten entschieden, und wichtige Ergebnisse seien nicht in die Bewertung eingeflossen. Die Wissenschaftler heben hervor, dass menschliche Föten und Neugeborene Bisphenol A schon über ihre Mütter in signifikanter Weise exponiert seien.[10]
Aber nicht nur die Föten und Säuglinge werden einer hohen BPA-Belastung ausgesetzt, sondern auch Kleinkinder. Bereits 1999 warnte die Zeitschrift *Öko-Test* vor den Gefahren der Weichmacher, die dem Plastik zugesetzt werden. Vorher war das Wort »Weichmacher« der Öffentlichkeit kaum ein Begriff. Die Zeitschrift testete damals Bilderbücher aus Plastik – und kam zu einem verheerenden Urteil. Sämtliche 12 Produkte schnitten mit »nicht empfehlenswert« ab.[11] Denn die Bücher waren aus PVC: »Der umweltschädliche Stoff [...] ist eigent-

lich hart und spröde. Biegsam und weich wird PVC erst durch Weichmacher, sogenannte Phthalate. Doch durch das Lutschen am Plastikspielzeug können Babys die Weichmacher herauslösen. Das kann böse Folgen haben, denn Phthalate stehen im Verdacht, Leber, Nieren und die Fortpflanzungsorgane zu schädigen«, schrieben die Tester vor mehr als zehn Jahren. Die Verlage reagierten schnell auf die Tests, einige nahmen ihre Plastikbücher ganz vom Markt. Nur weil es keine Plastikbilderbücher mehr gibt, heißt das jedoch nicht, dass die Phthalate aus dem Kinderspielzeug verschwunden wären. Bei aktuellen Untersuchungen fand Öko-Test 26 Fälle, in denen die Hersteller PVC und chlorierte Kunststoffe für die Produkte verwendet hatten.[12]

Weltweit werden jährlich etwa fünf Millionen Tonnen Phthalat-Weichmacher hergestellt, in der EU knapp eine Million Tonnen. Deutschland brachte es allein im Jahr 2001 auf 62.000 Tonnen Diethylhexylphthalat (DEHP), wovon nach Angaben des Bundesverbandes der Verbraucherzentralen etwa zwei Prozent in Kinderspielzeug landen. Und dabei handelt es sich dann nicht um kleine Mengen. Man kann davon ausgehen, dass der durchschnittliche Phthalatanteil in einem Produkt aus weichem PVC 10 bis 40 Prozent beträgt, so die Zeitschrift Öko-Test. Weiter heißt es in dem Bericht: »Die Brisanz der Phthalate liegt darin, dass sie nicht an Kunststoff, in der Regel PVC, gebunden sind und daher mit der Zeit durch das Fett in der Haut, durch Schweiß oder durch Speichel gelöst und so in den Körper gelangen können. Kinder unter drei Jahren sind deshalb besonders gefährdet.«[13]

Der Befund wird von einer Untersuchung des Bundesinstituts für Risikobewertung (BfR) erhärtet. In einer Stellungnahme warnt das gleiche Institut, das sich zu den Gefahren von Bisphenol A so relativierend geäußert hat, vor krebserregenden Chemikalien in Kinderspielzeug: »Insbesondere in Spielzeug aus Gummi oder anderen Elastomeren können krebserregende polyzyklische Kohlenwasserstoffe (PAK) vorhanden sein, die durch Verwendung von Weichmacherölen in das Produkt gelangen können«. In manchen Fällen könne der Gehalt dieser Stoffe in Spielzeug so hoch sein, dass Kinder beim Spielen mehr davon aufnehmen können als Raucher über Zigaretten.[14]

Bisphenol A wiederum hinterlässt seine Spuren auch bei Erwachsenen. Frederick vom Saal beschäftigt sich schon seit Jahrzehnten mit den Auswirkungen, die Weichmacher und Bisphenol A auf unser Hormonsystem haben. Der an der Universität von Missouri tätige Neurobiologe ist einer der radikalsten Ankläger von Plastik. »Wir können zum jetzigen Zeitpunkt nicht behaupten, dass es irgendeine Form von sicherem Plastik gibt«, meint er im Interview.[15] Die Gefahr liege unter anderem darin, dass man einfach überall mit dem Material in Kontakt kommt.

Kunststoffe geben die in ihnen enthaltenen Chemikalien nicht erst ab, wenn sie Alterungserscheinungen zeigen – dass sie Risse bekommen und zerfallen, ist vielmehr ein Zeichen dafür, dass bereits viele chemische Stoffe sich daraus verflüchtigt haben. Laut vom Saal kann man die Substanz inzwischen als so etwas wie einen indirekten Nahrungsmittelzusatz betrachten. »Jedes Nahrungsmittel, das in einem Bisphenol A enthaltenden Gefäß aufbewahrt wird, sollte zumindest Bisphenol A als Inhaltsstoff ausweisen. Der Lebensmittelhersteller ist gesetzlich verpflichtet anzugeben, welche Zutaten ein bestimmtes Nahrungsmittel enthält. Warum ist der Verpackungshersteller nicht auch verpflichtet, die Inhaltsstoffe der Nahrungsmittelverpackung anzugeben?«

Aber ist die Gefahr, die von Plastik ausgeht, wirklich so groß? Denn immerhin leben wir ja noch. Und sogar länger als jemals zuvor. »Das ist ein guter Punkt«, sagt Fred vom Saal. »Diese Chemikalien töten uns ja nicht. Sie bringen nur Asthma, Fettleibigkeit und Funktionsstörungen im Gehirn.« Sie tragen auch mit dazu bei, dass unser Leben verlängert wird – im Krankenhaus ist schließlich fast alles aus Plastik, von den Schläuchen angefangen über die Spritzen bis hin zu den Infusionsbeuteln. »Tja, im Krankenhaus, auf dem Weg zur Chemotherapie oder Strahlentherapie gegen Krebs, den ich auf Grund von Kunststoffen habe, frage ich mich dann, ob die wirklich meine Lebensqualität verbessert haben.« Der Biologe untersucht gerade die Blutprobe von Interviewer Werner Boote. Und er kommt zu einem Ergebnis, dass den Betroffenen erschreckt: »Die Menge Bisphenol A, die Sie im Körper haben, würde bei einem Tier ausreichen, um dessen

Spermienproduktion um 40 Prozent zu verringern. Das bedeutet, Sie sind nicht unfruchtbar. Sie sind leider gerade noch fruchtbar genug, um ein potenziell abnormales Baby zu zeugen.«
Mittlerweile hat fast jeder Mensch in den industrialisierten Staaten Stoffe im Blut, die aus Plastik in die Umgebung entweichen. Nach einer Vorstellung des Films *Plastic Planet* im Wiener Gartenbaukino im Oktober 2009 wurde vierzig Personen (zwanzig Frauen, zwanzig Männer, jeweils im Alter von 20 bis 40 Jahren) Blut abgenommen. Bei einer Analyse durch das Wiener Umweltbundesamt fanden sich neben Flammschutzmitteln Spuren von Phthalaten im Blut. Erwartungsgemäß kam Diethylhexylphthalat (DEHP), ein früher besonders häufig eingesetzter Weichmacher, von allen untersuchten Verbindungen in den höchsten Konzentrationen vor. In der zweithöchsten Konzentration wurde die seit 2003 für die industrielle Verwendung verbotene Substanz Nonylphenol gefunden. Auch Bisphenol A und Octylphenol waren bei Männern und Frauen nachweisbar.[16] Die durchschnittlichen Konzentrationen entsprachen in etwa den in Industrieländern üblicherweise in der Bevölkerung auftretenden Belastungen.
Im März 2009 belegte die Untersuchung eines Teams der Goethe-Universität in Frankfurt/Main, dass Mineralwasser aus Plastikflaschen mit hormonell wirksamen Substanzen belastet ist. Die Werte lagen deutlich höher als bei Wasser aus Glasflaschen. Im Rahmen eines vom Umweltbundesamt geförderten Forschungsprojektes hatten die Biologen Mineralwasser auf dessen Belastung mit Umwelthormonen untersucht, den sogenannten endokrinen Disruptoren. »Wir wussten, dass Lebensmittel mit bestimmten Umwelthormonen kontaminiert sein können«, erklärt Jörg Oehlmann, der das Projekt leitete.[17] Um den Cocktaileffekt mitzuberücksichtigen, also die Tatsache, dass sich nicht nur eine einzelne Chemikalie bemerkbar macht, sondern immer eine Vielzahl von Umwelthormonen zusammen auf den Menschen wirken, haben die Wissenschaftler die gesamte Hormonaktivität von Mineralwasser gemessen. Die in der Fachzeitschrift *Environmental Science and Pollution Research* veröffentlichten Ergebnisse ihrer Studie sind eindeutig: In 12 der 20 untersuchten Mineralwassermarken wurde eine erhöhte Hormonaktivität nachgewiesen. »Zu Beginn un-

serer Arbeiten hatten wir nicht erwartet, eine so massive östrogene Kontamination in einem Lebensmittel vorzufinden, das strengen Kontrollen unterliegt«, sagt Martin Wagner, der das Forschungsprojekt im Rahmen seiner Doktorarbeit durchführte. »Allerdings mussten wir feststellen, dass Mineralwasser, hormonell betrachtet, in etwa die Qualität von Kläranlagenabwasser aufweist.«[18] Zumindest ein Teil der Umwelthormone stammt dabei aus der Kunststoffverpackung, stellte sich bei den Untersuchungen heraus. »Wir haben Mineralwasser aus Glas- und Plastikflaschen verglichen und konnten zeigen, dass die östrogene Belastung in Wasser aus PET-Flaschen etwa doppelt so hoch ist wie in Wasser aus Glasflaschen«, so der Frankfurter Ökotoxikologe. Ein Grund dafür könnte die Migration von Plastikadditiven, wie zum Beispiel Weichmachern, aus den PET-Flaschen sein.

Was die hormonelle Wirkung von Bisphenol A und ähnlichen Stoffen betrifft, wirft die Industrie den meisten Thesen vor, dass es für Zusammenhänge mit Asthma, Unfruchtbarkeit oder Krebs beim Menschen noch keine wissenschaftlichen Belege gibt. Bislang wurden Effekte nur an Tieren festgestellt, alle Daten stammen von Nagern oder aus Zellkulturen; sie könnten, müssen aber nicht auf den menschlichen Organismus übertragbar sein. Sollten auf diesen Ergebnissen basierende Verdachtsmomente jedoch nicht ausreichen, um zumindest mit erhöhter Vorsicht in Bezug auf die Substanzen zu handeln? Ein Nachweis, dass sie unbedenklich sind, ist schließlich ebensowenig erbracht. Angesichts der Lebensdauer von Menschen und ihren größeren Generationszyklen dürfte es sich dabei allerdings um ein langwieriges Experiment handeln – an dem wir eigentlich schon alle teilnehmen.

1 Klaus Rhomberg im Interview mit den Autoren
2 und 3 Jörg Blech, »Eklat um das Ejakulat«, in: *DIE ZEIT* 16/1996
4 Hans-Peter Hutter im Interview mit den Autoren
5 Umweltbundesamt, »Phtalate – Die nützlichen Weichmacher mit den unerwünschten Eigenschaften«, Februar 2007
6 vgl. Colborn et al. 1996, S. 193

7 und **8** BUND, »Babyschnuller sind Bisphenol-A-belastet, 1.10.2009, www.bund.net/nc/bundnet/presse/pressemitteilungen/detail/zurueck/archiv/ artikel/babyschnuller-sind-bisphenol-a-belastet-hormonell-wirksame-chemikalien-in-kinderartikeln-und-lebens/ (Stand: 9.1.2014)
9 Brigitta vom Lehn, »Kanada verbietet giftige Babyflaschen«, in: *Die Welt*, 2.5.2008, www.welt.de/welt_print/article1956242/Kanada_verbietet_giftige_Babyflaschen.html (Stand: 9.1.2014)
10 Beratungskommission der Gesellschaft für Toxikologie e.V., »Zur aktuellen Diskussion über eine mögliche gesundheitliche Gefährdung durch Bisphenol A«, in: *Informationsdienst Wissenschaft*, 1.9.2008, http://idw-online.de/pages/de/news276026 (Stand: 9.1.2014)
11 »Testbericht Plastikbilderbücher«, *Öko-Test Ratgeber Kleinkinder*, 4.6.2001
12 und **13** »Spielzeug, Weichspielzeug«, *Öko-Test* 12/2005, 28.11.2005
14 vgl. Susanne Amann, »Kritik von Verbraucherschützern. EU patzt im Kampf gegen Giftspielzeug«, in: *SPIEGEL online* vom 8.12.2009, www.spiegel.de/wirtschaft/soziales/0,1518,665723,00.html (Stand: 9.1.2014)
15 Fred vom Saal im Interview mit den Autoren
16 vgl. Homepage *Plastic Planet*, www.plasticplanet-derfilm.at/hartefakten/Umweltbundesamt%20Bericht.pdf (Stand: 9.1.2014)
17 und **18** Anne Hardy, »Umwelthormone im Mineralwasser«, in: *Informationsdienst Wissenschaft*, 12.3.2009, http://idw-online.de/pages/de/news304868 (Stand: 9.1.2014)

Plastik vergiftet den Menschen | **Die Grenzwerte-Diskussion**

Dass sich heute im Blut fast aller Menschen Substanzen befinden, die Plastik beigemischt werden, wird auch offiziell nicht bestritten. Ebensowenig werden mögliche unerwünschte Nebenwirkungen der Phthalate und sonstigen Additive von der Kunststoffindustrie geleugnet. Auf der Homepage von PlasticsEurope zu den Stoffen aus der Bisphenol A-Gruppe heißt es lediglich: »Wie bei jedem anderen zugelassenen Bedarfsgegenstand (Lebensmittelkontaktmaterial) kann es sein, dass Spuren von chemischen Stoffen, BPA eingeschlossen, aus Kunststoffen migrieren. Die aus solcher Migration resultierende Aufnahmemenge von BPA ist extrem niedrig und stellt nach der Bewertung durch die verantwortlichen Behörden keine Gefahr für die menschliche Gesundheit oder die Umwelt dar.«[1]
»Extrem niedrig« ist die Übersetzung eines Werts in einen relativen Begriff. Etwas wurde zwar in messbarer Menge festgestellt – aber unterhalb des Werts, der von einer Institution als »Grenzwert« definiert wurde. Der Grenzwert ist die Linie, die das Giftige vom Ungiftigen unterscheidet, er wird zu etwas geradezu Magischem. Da der Grenzwert in Zahlen ausgedrückt wird, zuweilen bis auf mehrere Stellen hinterm Komma genau, suggeriert er Absolutheit. Auf etwas, was so genau bestimmt worden ist – und zwar von Wissenschaftlern –, kann man sich verlassen. Im Plastik befindet sich anscheinend etwas, was ein bisschen schädlich für uns ist, aber nicht in ernst zu nehmendem Maß. Dass die »verantwortlichen Behörden« bei der Erklärung von PlasticsEurope als Zeugen herangezogen werden, signalisiert jedoch nicht nur, dass man vorschriftsmäßig vorgegangen ist, sondern auch, dass man die Verantwortung selbst lieber nicht übernehmen will. Risiken können schließlich nie ganz ausgeschlossen werden.
Es ist jedoch nicht so leicht zu definieren, ab welcher Menge so ein in natürlichen Organismen nicht vorkommender Stoff gefährlich ist bzw. bis zu welcher Menge uneingeschränkt ungefährlich. Oft sind schädliche Auswirkungen nicht eindeutig zuzuordnen. Vergleichsweise einfach ist es dagegen, die Diskussion über die Gefahren von chemischen Substanzen auf die Ebene der Grenzwerte zu verlagern.

Hilfreich ist es nicht unbedingt. Verschiedene Studien werden gegeneinander ausgespielt, die Ergebnisse können je nach Zeit, Ort, Motivation durchaus unterschiedlich ausfallen – und Grenzwerte können sich ändern.
In einem »Informationspaket«, das PlasticsEurope, die Interessensvereinigung der Kunststofferzeuger und EUPC, die Vereinigung der Kunststoffverarbeiter in Europa, als Reaktion auf den Film *Plastic Planet* herausgegeben haben, wird damit indirekt begründet, wieso die PVC-Arbeiter in Italien von ihren Arbeitgebern krebserregenden Substanzen ausgesetzt wurden. Das geschah natürlich nicht vorsätzlich: »Seit Mitte der 1970er-Jahre weiß man, dass Vinylchloridmonomere (VCM), die Hauptchemikalie, die zur Produktion von PVC verwendet wird, bestimmte Formen von Leberkrebs verursachen kann. Bis dahin wurde VCM als so harmlos angesehen, dass es während der 1950er-Jahre sogar als Betäubungsmittel in den Spitälern in Betracht gezogen wurde.«[2] Als die Gefahr 1974 erkannt wurde, habe man nichts verschwiegen, sondern schnell und verantwortlich reagiert, betont PlasticsEurope. Die Rechtfertigung illustriert, wie viel von der Beteuerung, alles sei völlig ungefährlich, zu halten ist. Bis 1974 konnte die Industrie guten Gewissens und in Berufung auf die Grenzwerte erklären, dass die VCM nicht krebserregend seien. Heute weiß man es besser. Das hilft nur jenen, die daran gestorben sind, nicht mehr.
Im gleichen Papier geht der Interessenverband auch auf den Vorwurf ein, Bisphenol A beeinflusse das menschliche Hormonsystem. Wiederum mit Bezug auf die EU-Verordnung wird erklärt, BPA stelle keine Gefahr für Mensch und Umwelt dar. Um die von der europäischen Behörde EFSA als unbedenklich eingestufte Menge von 0,05 Milligramm pro Kilo Körpergewicht zu erreichen, müsse eine 60 Kilogramm schwere Person pro Tag 600 Kilogramm Nahrung zu sich nehmen, die in Behältern aus Polycarbonat aufbewahrt war, oder 600 Liter Wasser aus Polycarbonatflaschen trinken.[3] Der moderne Mensch ist sowieso daran gewöhnt, dass er einer ganzen Reihe »Umweltgiften« ausgesetzt ist; anhand einer simplen, nachvollziehbaren Rechnung, die die Substanz mit dem negativ besetzten Namen praktisch aus dem Bereich des Vorstellbaren verbannt, sollte er zu beruhigen sein.

Auf der Homepage zur Bisphenol A-Gruppe wird versucht, die Warnung vor dem Stoff schlicht als Märchen abzustempeln: »Einige natürlich vorkommende ebenso wie vom Menschen hergestellte Stoffe können hormonähnliche Eigenschaften zeigen. Diese werden falsch, aber landläufig mit ›endokrinen Disruptoren‹ gleichgesetzt. Insbesondere in Bezug auf Bisphenol A, das häufig als ein solcher ›endokriner Disruptor‹ bezeichnet wird, ranken sich viele chemische Schauergeschichten, moderne Mythen und über das Internet verbreitete Gerüchte. Sie warnen vor diesen Stoffen und rufen häufig dazu auf, Produkte aus Polycarbonat oder Epoxidharzen zu vermeiden, aus Angst vor negativen Auswirkungen von Bisphenol A (BPA) auf die Gesundheit. Allerdings wurde keine dieser angeblichen negativen Gesundheitsauswirkungen je bewiesen. Die wissenschaftliche Datenlage zu BPA ist eindeutig: Die Menge an BPA, mit der ein Mensch potenziell in Kontakt kommen kann, ist äußerst gering; bei sachgerechter Verwendung von Produkten aus BPA-basierten Materialien besteht kein Risiko für Mensch oder Umwelt.«[4]

Abgesehen davon, dass die Arbeitsergebnisse unabhängiger Forschungsteams hier als unqualifiziert abgetan werden, erfährt der Konsument, wie es sich verhält mit der Beweispflicht – nämlich umgekehrt, als es ausgehend vom gesunden Menschenverstand anzunehmen wäre: Wer Bisphenol A etwas vorzuwerfen hat, möge doch bitte Belege bringen. Seriöse Studien in Bezug auf Bisphenol A, die zu einem anderen Ergebnis kommen als jene, auf die sich die EU beruft, werden allerdings nicht anerkannt. Sollten neue Untersuchungen irgendwann ergeben, dass die Grenzwerte korrigiert werden müssen, kann man immer noch über die passende Pressemitteilung nachdenken.

Für die Verbraucher stellt sich angesichts der möglichen Folgen von chemischen Giften für die eigene Gesundheit oder die der Kinder die Frage, ob die Unschuldsvermutung angebracht ist auf dem Weg zur Wahrheitsfindung. Die wenigsten von uns sind Biologe, Chemiker oder Mediziner, umso schwerer ist zu beurteilen, was von der Grenzwertdiskussion zu halten ist. Man könnte daraus auch einfach den Schluss ziehen, dass wir Zuschauer sind bei einem Tauziehen verschiedener Interessengruppen, in dem die Wissenschaft instrumentalisiert wird. Auf der einen Seite stehen diejenigen, für die der Schutz von Mensch und Umwelt das Wichtigste ist. Sie plädieren für möglichst niedrige Werte und das gänzliche Verbot besonders gefährlicher Substanzen. Von der anderen Seite wird versichert, dass es Wirtschaft und Arbeitsmarkt nur bei relativ hohen Grenzwerten wohlergehen könne. Worauf sich Politik und Wirtschaft einigen, beruht also nicht auf einer absoluten Gewissheit, sondern ist ein Verhandlungskompromiss.

Dass das Anwaltsteam des »Angeklagten« Bisphenol A gut aufgestellt ist, zeigt das Protokoll einer Sitzung der »BPA Joint Trade Association« vom 28. Mai 2009. Vom öffentlichen Druck verunsichert – Kanada hat die Verwendung von Bisphenol A in Babyflaschen verboten, und die größte amerikanische Supermarktkette Walmart hat angekündigt, in Zukunft keine Babyprodukte mit diesem Zusatzstoff in den USA zu verkaufen –, treffen sich Vertreter von Riesenkonzernen wie Coca-Cola oder Del Monte zur Krisensitzung. Es gilt Strategien zu entwickeln zum Schutz der Branchen, die BPA verwenden. »Mehr proaktiv« werden in der Kommunikation mit Medien, Gesetzgebern und der Öffentlichkeit, heißt die Losung – was sich auch mit »Angriff ist die beste Verteidigung« übersetzen ließe.[5] Denn im Moment scheine das Komitee »unorganisiert und die Mitglieder frustriert«. Das alles könne dazu beitragen, dass Umweltgruppen weiter erfolgreich gegen BPA agitieren können, ohne dass die BPA Joint Trade Association dem etwas entgegenzusetzen habe.

Einige der Anwesenden sind der Meinung, man solle ruhig *fear-tactics* zum Einsatz bringen, Angstparolen also, ungefähr in der Art von: »Wollen Sie auch in Zukunft Zugang zu Babynahrung haben?« Andere schlagen vor, den Preisvorteil von Plastikverpackung herauszustellen, um darüber die Konsumenten von BPA-freier Verpackung abzubringen. Allgemein jedoch wird beklagt, dass in der Vergangenheit zu defensiv mit den Medien umgegangen worden sei. Das solle sich jetzt ändern, da ist man sich einig. Wahrscheinlich sei es jetzt an der Zeit, die immer noch beste PR-Waffe einzusetzen: »eine junge, schwangere Mutter, die durchs Land zieht, und über die Vorteile von BPA berichtet«.[6]

1 Homepage von PlasticsEurope zum Thema Bisphenol A, www.bisphenol-a-europe.org/index.php?page=migration-3 (Stand: 9.1.2014)
2 vgl. »›Plastic Planet‹ Informationspaket«, hg. v. PlasticsEurope, 10.9.2009, S. 9
3 ebd., S. 13
4 Homepage von PlasticsEurope zum Thema Bisphenol A, www.bisphenol-a-europe.org/index.php?page=endocrine-3 (Stand: 9.1.2014)
5 und **6** vgl. »Spin the Bottle«, *Harper's Magazine* 12/2009, S. 16-18

Die Industrie ändert sich

Woraus besteht ein fertiges Plastikprodukt? Welche Stoffe, welche Zusatzstoffe, welche Weichmacher oder Flammschutzmittel sind darin verarbeitet? Das festzustellen, ist nur schwer möglich. Firmen geben das Geheimnis seiner Zusammensetzung meist nicht gerne preis. Das Ausgangsmaterial für eine Plastikflasche kommt mal in Pulverform, mal in Pelletform zum Hersteller, der es dann zu einer Flasche verarbeitet.
Die Zoologieprofessorin Theo Colborn, die sich Jahrzehnte lang mit den Auswirkungen von Plastikzusatzstoffen auf das Hormonsystem von Tieren und Menschen beschäftigt hat, erklärt, dass das Problem der fehlenden Kennzeichnung sich schon beim Flaschenhersteller bemerkbar macht: »Der Plastikproduzent sagt ihm: ›Ich habe das beste Plastik, das es gibt. Es wird nicht ausbleichen, es wird den Geschmack des Getränks nicht verändern, es wird nicht ausgasen. Es ist absolut sicher. Aber es ist urheberrechtlich geschützt, ich werde Ihnen nicht sagen, was für Chemikalien drinnen sind.‹ Unser Flaschenproduzent hat also keine Ahnung, woraus die Flasche besteht, die er herstellt.«[1]
Kein Produzent weiß, ob im Produkt vielleicht der Stabilisator Tributylzinnhydrid enthalten ist, eine Chemikalie, die wie ein Sexualhormon wirkt, Bisphenol A oder andere gesundheitsschädigende Phthalate. Und deshalb kann es auch der Konsument nicht wissen.
Firmen, die Plastikprodukte fertigen, wollen sich in Sachen Materialzusammensetzung ungern in die Karten schauen lassen. Weder Coca-Cola, Boeing noch Mattel möchten im Detail über ihre Plastikflaschen, Kunststoffbauteile oder Barbiepuppen sprechen. Nur ein kleiner Hersteller in Shanghai erklärt sich bereit, seine Anlage zu zeigen. Vicky Zhang, eine junge Chinesin, modisch gekleidet, spricht gut Englisch und führt die Besucher durch die Fabrik. Sie präsentiert die Dinge, die hier gemacht werden: Plastikfolien, aus denen aufblasbare Tiere entstehen, Luftmatratzen und auch ein kleiner aufblasbarer Globus – eine Art »Plastic Planet«. Stolz präsentiert Frau Zhang die fertigen Folien; wie und woraus diese hergestellt werden, möchte sie lieber nicht verraten. Und schon gar nicht zeigen. »Das ist geheim«, sagt sie,

»da viele andere Anbieter das auch herstellen wollen.«[2] Aber in gewissem Maß kann der Kunde Einfluss nehmen auf die Rezeptur, ihm werden eine ganze Reihe Zusatzstoffe angeboten, die auf seinen Wunsch hinzugefügt werden können: »Wir haben sechs verschiedene Weichmacher für dieses Material: DINP, DBP, DEHP, DIOP und ... die anderen hab ich vergessen.« Frau Zhang lächelt verlegen. »Sie haben die Wahl. Verschiedene Materialen haben verschiedene Preise.« Jeder kann also einen Globus mit, sagen wir: 25 Prozent DINP bestellen? »Ja, genau«, bestätigt Frau Zhang. Und wenn aber der Weichmacher in dem Land, in das der Globus exportiert wird, verboten ist? Das muss der Kunde selbst vorher genau prüfen, was in seinem Land erlaubt ist und was nicht, erklärt Frau Zhang.

Irgendwann im Laufe des Gesprächs wird ihr klar, dass der Mann im Anzug, der von einer Kamera begleitet wird, doch kein europäischer Großkunde ist, sondern ein Filmemacher. Sie bricht das Interview ab. »Ich denke, ich habe Ihnen unsere Firma nun ausgiebig gezeigt. Zusätzliche Informationen können Sie in unserem Katalog finden.« Dass niemand gerne seine Produktionsanlagen Journalisten zeigt, ist nachvollziehbar. Der Ausflug nach Shanghai illustriert jedoch, dass auch Kunden im Unklaren gelassen werden, was die Inhaltsstoffe ihrer Produkte und daraus möglicherweise entstehende Risiken angeht.

Dass die weiterverarbeitenden Betriebe möglichst genau sagen können, was im Kunststoff überhaupt drin ist, ist der erste Schritt auf dem Weg zu einem ungefährlicheren Material. Erst dann kann der Produzent bewusst verzichten – oder dem Konsumenten die Entscheidung überlassen, indem er die Information über die Inhaltsstoffe an ihn weitergibt. Genau das soll die am 1. Juli 2007 in Kraft getretene REACH-Verordnung ermöglichen. REACH steht für »Registration, Evaluation, Authorisation and Restriction of Chemicals«, also für die Registrierung, Bewertung, Zulassung und Beschränkung von Chemikalien. Als EU-Verordnung besitzt REACH für alle Mitgliedsstaaten gleichermaßen und unmittelbar Gültigkeit. Das bisherige Chemikalienrecht wird dadurch grundlegend harmonisiert und vereinfacht. Und die neue Verordnung soll die Gefahren, die von Chemikalien für Bevölkerung und Umwelt ausgehen können, sozusagen auf ein notwendiges Mindestmaß reduzieren. Heute werden von circa 20 Millionen bekannten chemischen Verbindungen etwa 100.000 verwendet und sollen darum geprüft werden. Fast alle dieser rund 100.000 chemischen Verbindungen sind »Altstoffe«, das heißt sie wurden vor 1981 erstmals produziert – und bis dato nie ausreichend auf ihre Gefährlichkeit untersucht. Nur von den 3.500 »Neustoffen«, die seit 1981 auf den Markt gekommen sind, hat man mehr Daten. Das bedeutet, dass wir über die meisten Chemikalien, die ganz selbstverständlich eingesetzt werden, viel zu wenig wissen. »Selbst für Großchemikalien, von denen jährlich Tausende Tonnen produziert werden, stehen in achtzig Prozent der Fälle keine ausreichenden, verlässlichen Informationen über deren Gefährlichkeit zur Verfügung«, stellte das deutsche Umweltbundesamt im August 2005 fest.[3]

Das deutsche Bundesinstitut für Risikobewertung erhofft sich von REACH sowohl für Verbraucher als auch für Beschäftigte, die mit Chemikalien in Kontakt kommen, eine höhere Sicherheit, da die Industrie deutlich mehr Verantwortung für den sicheren Umgang mit ihren Produkten übertragen bekomme. »Bis 2018 müssen Hersteller und Importeure rund 30.000 Chemikalien bei der neu gegründeten Europäischen Agentur für chemische Stoffe in Helsinki registrieren und ihre Risiken bewerten. Hierzu müssen sie erstmalig Sicherheitsbeurteilungen erstellen und alle bekannten Untersuchungen dokumentieren. Besonders gefährliche Stoffe müssen ein Zulassungsverfahren durchlaufen. Aufgrund der hohen Zulassungshürden wird erwartet, dass derartige Stoffe langfristig durch weniger gefährliche ersetzt werden.«[4]

Das REACH-System basiert auf dem Grundsatz der Eigenverantwortung der Industrie, welche vor allem durch ein Prinzip motiviert werden soll: *no data, no market*. Wenn für einen chemischen Stoff keine aussagekräftigen Daten geliefert werden, dann darf er nicht auf den Markt kommen. Innerhalb des Geltungsbereichs von REACH dürfen neue chemische Stoffe nur in Verkehr gebracht werden, wenn sie vorher registriert worden sind. Davon sind alle Unternehmen betroffen, die Chemikalien verwenden, herstellen, in die EU einführen oder damit handeln. Sie müssen zur Sicherheit der aus ihren Chemikalien entstehenden Anwendungen beitragen, indem sie die Daten, die zur Bewertung der Chemikalieneigenschaften notwendig sind, selbst zur Verfügung stellen. Was bis dahin in verschiedenen Ländern unterschiedlich gehandhabt werden konnte, ist jetzt EU-weit verpflichtend: In sogenannten »Sicherheitsdatenblättern« muss künftig dargelegt werden, ob und in welchem Ausmaß die Stoffe, Zubereitungen und Erzeugnisse die Gesundheit der Weiterverarbeiter und Endverbraucher oder die Umwelt belasten können.

Bis zum 1. Juni 2018 soll es so weit sein, dass diese Daten an alle Abnehmer und nachgeschalteten Anwender durch die gesamte Lieferkette hindurch weitergegeben werden. Das gilt allerdings nur für den Fall, dass ein Unternehmen mehr als eine Tonne einer Chemikalie pro Jahr produziert oder importiert. Der wichtigste Punkt bei REACH ist die Umkehrung der Beweislast. Es soll nicht mehr an der Öffentlichkeit liegen zu beweisen, dass ein Stoff vielleicht gefährlich ist, damit er aus dem Verkehr gezogen wird. Sondern bevor eine Chemikalie überhaupt in Verkehr gelangen darf, muss belegt sein, dass sie grundsätzlich kein gefährliches Potenzial hat oder dieses zumindest innerhalb der gesetzlich gültigen Grenzwerte liegt.

Schon 1998 beschlossen die europäischen Umweltminister, dass der Umgang mit Chemikalien neu geregelt werden sollte. Verbraucher und Umwelt sollten besser geschützt werden. Die geplante Reform wurde von einer breiten Allianz von Gesundheits-, Umwelt-, Arbeitsschutz-, Frauen- und Verbraucherorganisationen unterstützt – und von der Chemielobby wild bekämpft. Im Mai 2006 veröffentlichte Greenpeace eine Studie mit dem Titel »Toxic Lobby – How the chemicals industry is trying to kill REACH«[5]. Darin wird im Detail gezeigt, welche Anstrengungen unternommen wurden, um die geplante Verordnung zu Fall zu bringen. Das Problem wurde bagatellisiert und wie so oft mit drohenden Arbeitsplatzverlusten argumentiert; eine wahre Deindustrialisierung Europas sei zu erwarten. Laut einer vom Bundesverband der Deutschen Industrie in Auftrag gegebene Studie würde REACH bis zu 2,35 Millionen Arbeitsplätze allein in Deutschland kosten. Von anderer Seite werden diese Zahlen als reine Propaganda abgetan.[6]

Margot Wallström war als EU-Umweltkommissarin von 1999 bis 2004 maßgeblich an der Implementierung von REACH beteiligt und erinnert sich gut an die Reaktionen der chemischen Industrie. Es sei ja keineswegs so gewesen, dass die Kommission deren Wichtigkeit nicht anerkannt hätte, sagt die Schwedin. Mit ihren Vertretern wurde vielmehr eng zusammengearbeitet, um das geplante Dokumentationsverfahren so ökonomisch wie möglich zu gestalten. »Aber die Industrie war oft sehr aggressiv«, erinnert sich die EU-Kommissarin. »In Deutschland sagte man: Wir befolgen ohnehin die deutschen Gesetze. Wir müssen ohnehin schon unsere Chemikalien melden. Dann frage ich mich natürlich: Ja, was ist denn dann das Problem? Wenn ihr die Fakten habt, dann legt sie auf den Tisch. So dass jeder sie einsehen kann. Wenn es eine Risikoanalyse bereits gibt – was ist das Problem? Ich bin sicher, dass sie lange Zeit gehofft haben, die ganze Verordnung zu Fall bringen zu können. Und als ihnen dann dämmerte, dass es nicht gelingen würde, dann wurde es sehr angespannt. Die Industrie verhielt sich nicht sehr konstruktiv, würde ich sagen.«[7]

REACH ist ein erster Schritt in die richtige Richtung. Und auf jeden Fall sollen damit die Informationsmöglichkeiten für die Konsumenten verbessert werden. Im Oktober 2008 veröffentlichte die Europäische Chemikalienagentur (ECHA) erstmals eine Liste besonders besorgniserregender Stoffe. Und diese können auf unterschiedliche Art und Weise besorgniserregend sein: Dazu zählen Stoffe, die Krebs erzeugen, das Erbgut verändern oder die Fortpflanzung gefährden, sowie solche, die lang in der Umwelt und im menschlichen Körper bleiben, sich dort anreichern und giftig sind, zusammengefasst unter der Abkürzung PBT-Stoffe: persistent, bioakkumulierend, toxisch. Aufgrund von REACH müssen Unternehmen alle ihre gewerblichen Kunden informieren, falls sich in ihren Erzeugnissen eine in dieser Liste identifizierte Chemikalie mit einem Anteil von mehr als 0,1 Prozent befindet. Und Konsumenten müssen von dem, der ihnen ein Produkt verkauft, innerhalb von 45 Tagen Auskunft erhalten, ob darin einer der aufgelisteten, besonders besorgniserregenden Stoffe enthalten ist. Bis es soweit ist, dass eine Kennzeichnung auf der Verpackung zu finden ist, muss der Verbraucher also selbst aktiv werden.

»Ich rate allen Verbraucherinnen und Verbrauchern, ihr Auskunftsrecht zu nutzen und vom Handel zu verlangen, dass er die Information über besorgniserregende Chemikalien zur Verfügung stellt. Der Handel sollte sichere Produkte bei den Herstellern fordern«, erklärte Thomas Holzmann, Vizepräsident des Umweltbundesamtes, in einer Pressemitteilung im Oktober 2008.[8] Zu dem Zeitpunkt waren 15 Stoffe als besonders besorgniserregend veröffentlicht, bis Dezember 2013 waren es 151. Ein Ziel ist, alle fortpflanzungsschädigenden Phthalat-Weichmacher in die Liste aufzunehmen. Die jeweils aktuelle REACH Kandidatenliste ist auf der Internetseite der ECHA zu finden.[9]
Vielen Umweltschützern und Medizinern geht die Verordnung nicht weit genug. Ihrer Ansicht nach ist die Kommission der Wirtschaft zu weit entgegengekommen. Heinz G. Schratt von PlasticsEurope Austria, dem Verband der österreichischen Kunststoffhersteller, kann diese Vorbehalte nicht verstehen. Der Einfluss der Chemielobby werde dabei stark übertrieben dargestellt. »Es gab sicherlich im Vorfeld von REACH deutliche Kritikpunkte und auch Ansätze, gewisse Dinge zu verändern. In allererster Linie aus zwei Sorgen der Industrie. Sorge 1: Es könnte zu einer Wettbewerbsverzerrung zuungunsten Europas kommen. Sorge 2: Unnötige administrative Aufgaben, die Kosten verursachen, ohne einen Umwelt- oder Sicherheitseffekt zu haben.«[10]
Ist REACH nun ein Meilenstein oder bloß ein schwacher Kompromiss? Greenpeace zum Beispiel beklagt, dass statt der geforderten über 100.000 zu testenden Wirkstoffe bis 2018 nur 30.000 Chemikalien geprüft werden müssen – jene, die in einer Menge von über einer Tonne pro Jahr hergestellt werden. Und für ungefähr zwei Drittel dieser 30.000 von REACH erfassten Chemikalien wurden die Testanforderungen auf Druck der Industrie beträchtlich abgeschwächt.[11]
Margot Wallström veranschaulicht an einer einfachen Rechnung, dass die konkrete Risikoabschätzung viel zu langsam vorankommt: »Wissen Sie, dass wir in den letzten zehn Jahren eine Gefahrenanalyse für gerade mal 11 Substanzen durchführen konnten? Und dabei gibt es 100.000 Substanzen, die einer Risikoprüfung unterzogen werden müssen. Zehn Jahre für 11 Substanzen, so ein System funktioniert nicht.«

1 Theo Colborn im Interview mit den Autoren
2 Vicky Zhang im Interview mit den Autoren
3 und 4 Bundesinstitut für Risikobewertung, »REACH – die neue europäische Chemikaliengesetzgebung«, www.bfr.bund.de/cd/9025 (Stand: 9.1.2014)
5 Marco Contiero, »Toxic Lobby – How the chemicals industry is trying to kill REACH«, Greenpeace International, Mai 2006, PDF unter www.greenpeace.org/international/en/publications/reports/toxic-lobby-how-the-chemical (Stand: 9.1.2014)
6 vgl. Ulrike Kalle, »Mit aller Macht – Wie die Chemieindustrie REACH torpediert« (Zusammenfassung einer Greenpeace Studie), Homepage Greenpeace Deutschland, www.greenpeace.de/themen/chemie/politik_recht/artikel/mit_aller_macht_wie_die_chemieindustrie_reach_torpediert/ (Stand 9.1.2014)
7 Margot Wallström im Interview mit den Autoren
8 Presse-Information 069/2008 des deutschen Umweltbundesamts, www.umweltbundesamt.de/uba-info-presse/2008/pd08-069.htm (Stand: 9.1.2014)
9 www.echa.europa.eu/candidate-list-table (Stand: 9.1.2014)
10 Heinz G. Schratt im Interview mit den Autoren
11 vgl. Greenpeace Österreich, »greenEU-Chemiepolitik«, Mai 2008, www.greenpeace.at/uploads/media/REACH_Mai_2008.pdf (Stand: 9.1.2014)

Das Material ändert sich

In einem unscheinbaren Zweckbau im Westen von Österreich wird etwas hergestellt, das im Moment noch etwas Besonderes ist: Bioplastik. Johann Zimmermann, der Geschäftsführer der Firma NaKu – für »Natürliche Kunststoffe« – erklärt den Besuchern, wie seine Folien aus Bioplastik produziert werden. Die physischen Abläufe sind die gleichen wie bei konventionellem Plastik: In eine großen Maschine wird »Rohmaterial« in Form von Granulat eingefüllt und dort erhitzt. Die entstehende, heiße Schmelze wird dann zum Blaskopf befördert, wo sie, ähnlich wie ein Luftballon, aufgeblasen wird. Gleichzeitig kühlt sie ab, das Material hat sich in Folie verwandelt, welches am Schluss zu großen Rollen aufgewickelt wird.

Für die Herstellung von traditionellem Plastik ist Erdöl unerlässlich. Die globale Kunststoffindustrie verbraucht zwischen 4 und 6 Prozent der weltweiten Erdölfördermenge, die Zahlen variieren etwas je nach Art der Berechnung. Beim Bioplastik wird nun das Erdöl durch Stärkepulver aus Maiskörnern oder Kartoffeln ersetzt. Die so gewonnenen Werkstoffe sind herkömmlichen Kunststoffen im Grunde sehr ähnlich – und werden auch mit der gleichen Technik produziert. »Man muss von der Temperaturführung ein wenig aufpassen«, erklärt Johann Zimmermann, »da sind Biopolymere ein wenig kritischer. Das Material verhält sich auch beim Aufblasen ein wenig anders. Ein Biopolymer ist etwas feinfühliger. Nicht so stabil wie herkömmlicher Kunststoff.« In der Fabrik ist es heiß und laut, und mitunter riecht es auch etwas seltsam. Das komme von der heißen Schmelze, sagt Johann Zimmermann. Bei Bioplastik aus Mais riecht es dabei nach Popcorn.

Mit dem Einsatz von Bioplastik geht die Entwicklung einen Schritt zurück – dorthin, wo sich die Kunststoffentwicklung vor Leo Hendrik Baekeland befand. Lange vor Baekelands Bakelit wurde mit der Polymerisation von natürlichen Materialien experimentiert. Kasein zum Beispiel wurde schon im 16. Jahrhundert aus Milcheiweiß gewonnen und für Gefäße und Schmuckstücke verwendet. Auch Leim aus Kasein soll von den chinesischen und ägyptischen Schreinern des Altertums im Möbelbau eingesetzt worden sein. Vom Ende des 19. Jahrhunderts an bis in die 1930er Jahre war es Ausgangsmaterial für den Kunststoff Galalith, der unter anderem für Knöpfe und Schmuck, aber auch zu Isolationszwecken in elektrischen Anlagen verwendet wurde.

1856 gelang es Alexander Parkes, den ersten halbsynthetischen Kunststoff herzustellen: ein Thermoplast auf Basis chemisch modifizierter Baumwolle, nach seinem Erfinder Parkesin benannt. Es wurden ähnliche Erwartungen mit ihm verknüpft wie mit all den synthetischen Materialien aus Erdöl, die ein halbes Jahrhundert später folgen sollten. Jedoch war Parkesin noch nicht recht ausgereift und verformte sich leicht. Erst in einer Weiterentwicklung wurde die Kunststoffverbindung aus Zellulose, einem Hauptbestandteil pflanzlicher Zellwände, industriell nutzbar und ist seit 1870 unter dem Namen Celluloid bekannt. Das leicht entflammbare Celluloid wird aufgrund seiner besonderen Eigenschaften bis in die Gegenwart verwendet – nicht mehr als Filmmaterial, aber unter anderem für Tischtennisbälle.

Auch Nylon und Perlon haben einen textilen Vorläufer, der aus nachwachsenden Rohstoffen hergestellt wurde. 1891 präsentierte der französische Chemiker und Industrielle Comte Hilaire de Chardonnet auf der Pariser Weltausstellung eine Kunstseide aus Maulbeerblättern, die er mithilfe von Schwefel- und Salpetersäure in einen dehnbaren Faserstoff verwandelte. Und in den USA träumte Henry Ford in den 1930ern von einem »all-agricultural car« ganz aus landwirtschaftlichen Produkten: Soja bildete den Rohstoff für eine stetig wachsende Anzahl von Plastikteilen in der fordschen Autoproduktion – Handschuhfachklappen, Schalthebelknöpfe, Hupenknöpfe, Gaspedale, Verteilerköpfe, Dekors im Inneren, Steuerräder und Armaturenbretter.[1] Im August 1941 präsentierte Ford vor mehr als zehntausend Zuschauern gar ein Auto, dessen Karosserie ganz aus Kunststoff auf Sojabasis gefertigt war. Es wog etwa ein Drittel weniger als ein anderes Auto dieser Zeit, aber der Prototyp ging nicht in Serie.

Henry Fords Vision könnte bald wieder aufgegriffen werden – dafür sorgen die Unwägbarkeit des Mineralölpreises und ein gesteigertes gesellschaftliches Umweltbewusstsein: Die Autoindustrie der Gegenwart hat das Zauberwort »Nachhaltigkeit« entdeckt; die »Bioplastik«-Karosserie würde gut zum »Biotreibstoff«-Motor passen.

Wer von der Bezeichnung »Bio« in Bezug auf Plastik jedoch erwartet, dass sie so etwas wie ein Gütesiegel in Sachen Nachhaltigkeit und gesundheitlicher Unbedenklichkeit gewährleistet, sollte etwas genauer hinschauen. Im Gegensatz zum Lebensmittelhandel, wo der Begriff inzwischen geschützt ist und Anbau und Weiterverarbeitung von Bionahrungsmitteln Kontrollen unterliegen, kann »Bio« im Zusammenhang mit Plastik auch heißen, dass lediglich der Rohstoff Erdöl durch Soja, Getreide, Mais oder etwas anderes ersetzt wird. Ebenso wie beim »Biosprit« ist dabei zu bedenken, dass Äcker, auf denen Pflanzen als Rohstofflieferant zur Plastikherstellung angebaut werden, nicht gleichzeitig Nahrungsmittel liefern können – Mais als Industrierohstoff träte in Konkurrenz zu Mais als Grundnahrungsmittel. Wird die Pflanze für die Kunststoffproduktion verwendet, darf es sich außerdem ruhig um genmanipulierte Sorten handeln. Und was die chemischen Zusätze betrifft, bestehen für die sogenannten Biokunststoffe ebenfalls keine anderen gesetzlichen Auflagen als für konventionelle Kunststoffe. Sie können fossiler Herkunft sein und vergleichbare Gesundheits- und Umweltrisiken bergen wie bei herkömmlicher Produktion.[2]

Um dem Dilemma der landwirtschaftlichen Flächenkonkurrenz aus dem Weg zu gehen, wird nach Wegen gesucht, um all das zu Plastik zu verarbeiten, was an anderer Stelle sowieso anfällt – zum Beispiel Hühnerfedern. Die Federn von allein in der EU jährlich mehr als fünf Milliarden geschlachteten Hühnern werden bisher nicht genutzt. Wenn die Experimente der Forscher am Chemical Engineering Department der University of Delaware erfolgreich sind, könnten die wasserunlöslichen Proteine aus diesen Federn bald als karbonisierte Keratinfasern mit ganz besonderen Materialeigenschaften in Wasserstofftanks, Windturbinen oder Dächern eingesetzt werden.

Unter dem Sammelbegriff Biokunststoff wird eine Familie von Materialien zusammengefasst, die sich erheblich unterscheiden können. Eine allgemein anerkannte Definition des Begriffs existiert noch nicht. Der Verband European Bioplastics versteht unter »Biokunststoffen« zwei Gruppen: Einmal Kunststoffe, die auf Basis nachwachsender Rohstoffe hergestellt werden, und zum zweiten biologisch abbaubare

Kunststoffe, welche alle Kriterien von wissenschaftlich anerkannten Normen zum Nachweis der biologischen Abbaubarkeit und Kompostierbarkeit von Kunststoff(produkt)en erfüllen.[3]
Weltweit werden heute mehr als 260 Millionen Tonnen Kunststoffe erzeugt und verbraucht. Mit einer durchschnittlichen Wachstumsrate von jährlich ungefähr 5 Prozent stellen sie das größte Anwendungsgebiet von Erdöl außerhalb des Energie- und Transportsektors dar. Der Marktanteil von Bioplastik ist dabei noch verschwindend gering: Vom Herstellerverband wird der Anteil von Biokunststoffen am Gesamtkunststoffverbrauch für das Jahr 2005 in Europa auf 0,1 Prozent, in Deutschland auf 0,05 Prozent geschätzt.[4] Aufgrund ihrer Abbaueigenschaften werden sie bisher vor allem im Bereich Verpackungen, für Cateringprodukte sowie andere bewusst kurzlebige Produkte, vor allem im Bereich Landschafts- und Gartenbau verwendet.
Der Geschäftsführer der Bioplastikfolienfirma NaKu erläutert die Vorteile von Bioplastik so: »Der Kunststoff, den wir hier zu Folien und Tragetaschen verarbeiten, zersetzt sich. Das heißt, wenn er in der Umwelt liegen bleibt oder ins Meer gespült wird, baut sich das Material wesentlich schneller ab als herkömmliches Plastik.«
Aber wie so oft sind die Sachverhalte auch hier etwas komplizierter, als es auf den ersten Blick scheinen mag. Eine Bioplastiktüte, die auf dem Acker gelandet ist anstatt im Mülleimer, verwandelt sich nicht etwa ohne jedes Zutun innerhalb von zwei Tagen in Dünger. Fast immer sind Wärme, Wasserzufuhr oder sonstige physische Einwirkung notwendig, um den Zerfallsprozess in Gang zu setzen – sonst bleibt auch sie als Abfall in der Landschaft sichtbar; nur eben nicht ein paar hundert, sondern vielleicht nur ein bis zwei Jahre. Die aktive Kompostierung von Bioplastik wiederum erfordert eigene Anlagen, was ein eigenes Sammelsystem voraussetzen würde. Aus dem Grund kommt der Stoff derzeit vor allem in geschlossenen Systemen zum Einsatz, wo der Abfall nicht einfach in den Hausmüll bzw. das jeweilige Hausmüllsortiersystem entsorgt wird.
Es ist aufschlussreich, sich die Positionen der verschiedenen Interessengruppen zur vermeintlich umweltfreundlichen Alternative Bioplastik zu betrachten. Kunststoffrecyclingunternehmen, die Duales System

Deutschland GmbH und der Bundesverband der Deutschen Entsorgungswirtschaft stehen dem Material kritisch gegenüber. Erstere glauben von den biologisch abbaubaren Kunststoffen ihren Nachschub an Recycling- bzw. Brennstoff bedroht, Letztere sehen darin Störstoffe im Kompostgut und lehnen die Entsorgung über die Biotonne ab.[5] Auch das Bundesumweltamt hält die gegenwärtigen Biokunststoffe nicht für eine Lösung. Wissenschaftliche Beweise, dass diese nachhaltiger und umweltfreundlicher seien, gebe es derzeit nicht, so das Amt in seiner Studie »Biologisch abbaubare Kunststoffe« vom August 2009. »Sie sind weniger wissenschaftliche Aussage, sondern vielmehr Marketinginstrumente, um Folien, Einweggeschirr und andere Produkte pauschal als vorteilhaft darstellen zu können.«[6] Das Umweltbundesamt resümiert, dass der Beitrag dieser Werkstoffklasse zum Klima- und Ressourcenschutz und zur anderweitigen Entlastung der Umwelt noch nicht ausreichend untersucht ist.

Die Industrievereinigung Kunststoffverpackung e.V. dagegen unterstützt die Entwicklung und Anwendung biologisch abbaubarer Kunststoffe ebenso wie die europäischen Verbände der Kunststoffproduzenten (PlasticsEurope) und der Kunststoffverarbeiter. Allein in Deutschland werden pro Jahr schließlich rund 1,8 Millionen Tonnen Plastik für kurzlebige oder nur einmal gebrauchte Kunststoffverpackungen wie Folien, Beutel, Tragetaschen, Säcke oder für Einwegbesteck und -geschirr verwendet – Gegenstände, die im Gegensatz zu Rohren und anderen möglichst auf Dauer haltbaren Anwendungen problemlos auch aus Bioplastik gefertigt werden können.

An Müllvermeidung und Mehrweglösungen, wie sie das Umweltbundesamt empfiehlt, ist die Bioplastikbranche folglich nicht interessiert. Das Potenzial ihres Marktes liegt gerade nicht in einer Reduktion des allgemeinen Verpackungsaufkommens, sondern darin, dass ein Plastik durch ein anderes Plastik ersetzt wird. Und darauf stellt sich die Industrie mittlerweile ein. So plant BASF die Kapazität seiner Anlage zur Herstellung des Polyesters Ecoflex, einem Kunststoff, der von Bakterien oder Pilzen »genauso schnell zu Wasser, Kohlendioxid und Biomasse« zersetzt wird »wie eine Bananenschale«,[7] von 14.000 Tonnen auf 74.000 Tonnen pro Jahr zu steigern.

1 vgl. Meikle S. 1997, 155ff
2 Auskunft Umweltbundesamt im Januar 2010
3 Homepage des europäischen Biokunststoff-Verbandes, www.european-bioplastics.org/index.php?id=5 (Stand 9.1.2014)
4 Umweltbundesamt, »Biologisch abbaubare Kunststoffe«, August 2009, S. 5, www.umweltbundesamt.de/sites/default/files/medien/publikation/long/3834.pdf (Stand: 9.1.2014)
5 ebd., S. 7
6 ebd., S. 8
7 Homepage BASF, www.basf.com/group/corporate/de/innovations/publications/innovation-award/2002/ecoflex (Stand 9.1.2014)

Das Denken ändert sich

In Deutschland werden Wissenschaftler nicht für Lösungen, sondern für die Analyse von Problemen bezahlt – so die provokante These von Michael Braungart, zusammen mit William McDonough Autor von *Die nächste industrielle Revolution*.
Alles begann wieder mal mit PVC. Anfang der 1980er-Jahre formulierte Braungart für die Fraktion der Grünen im niedersächsischen Landtag einen Antrag zum Verbot von Polyvinylchlorid. Das sich anschließende Verfahren wird für ihn zu einem Lehrstück in Sachen wissenschaftlich-politischer Problemlösung: Fünf Jahre werden zunächst benötigt, um ein spezielles Messverfahren zu entwickeln, weitere fünf Jahre beschäftigt man sich mit einem sogenannten Monitoring-Programm zur genauen Lokalisierung der giftigen Verbindung; das toxikologische Evaluierungsprogramm zieht sich wiederum fünf weitere Jahre dahin, und darauf folgen fünf Jahre Felduntersuchungen, die durch Tierversuche abgesichert werden müssen.»Dann hat man fünf Jahre diskutiert und somit insgesamt 25 Jahre verloren«, findet Michael Braungart.[1]
Aus den Erfahrungen rund um PVC zieht er den Schluss, dass durch solch langwierige Prozesse die Lösung wichtiger Fragen bloß verzögert wird. Aber es sind nicht nur die Komplikationen des politischen Prozesses, die eine schnelle Bewältigung der Probleme behindern. All die Verfahren gehen noch nicht die Wurzel des Problems an; wer es ernst meint, muss auch die Art und Weise, wie unsere Gesellschaft mit Abfall umgeht, in Frage stellen. Denn wenn nur darauf geachtet wird, dass ein Produkt weniger giftig wird, so dass es Umwelt und Menschen zwar noch schädigt, aber eben nicht zu sehr, bedeutet das bloß passives Reagieren auf die Interessen der Wirtschaft. Zu bescheiden und zurückhaltend erscheint Michael Braungart dieser Ansatz, der dazu noch wenig Elan und Leidenschaft versprüht.
Dem heute gebräuchlichen Schlagwort»Nachhaltigkeit« kann Braungart nicht viel abgewinnen. Zwar habe dieses im Zusammenhang mit einer erhöhten Sensibilität der Bevölkerung in Sachen Umweltschutz sicherlich dazu beigetragen, die Zerstörung der Natur zu verzögern,

aber das Grundkonzept der Industrieproduktion lässt das Denken in den inzwischen gängigen Nachhaltigkeitskategorien dabei unverändert. Dabei gehe es letztlich nur wieder um Schadensbegrenzung und nicht darum, neue Wege zu beschreiten. Mülltrennungsvorschriften, Schadstoffreduktion und gewisse Auflagen zur Wiederverwertbarkeit von Produkten mögen zwar die Umweltbelastung und den Ressourcenverbrauch verringern, aber sie verändern nichts an der grundlegenden Konzeption.

Im Fall von Recycling zum Beispiel handelt es sich in den allerwenigsten Fällen um echtes Recycling. Aus einer bestimmten Menge Einwegflaschen aus PET entstehen nicht annähernd ebenso viele PET-Flaschen. Aus der Mehrzahl der sekundären Rohstoffe können vielmehr nur noch kürzere Fasern für bestimmte Polypropylengewebe gewonnen werden, woraus Fleece-Bekleidung besteht. Andere Kunststoffe finden ihre letzte Verwendung in Low-Tech-Gegenständen wie etwa Bodenschwellen oder Parkbänken. Die Rohstoffe befinden sich in einer mal längeren, mal kürzeren Abwärtsspirale Richtung Wertlosigkeit; im günstigsten Fall bekommen sie vor ihrer endgültigen Entsorgung (also der Verbrennung), noch ein, zwei Lebenszyklen verpasst. Aber dann landen auch sie auf dem Müll, da sie nicht einmal zur Vermischung mit »frischem« Kunststoff taugen.

Das Material wird im Wert heruntergestuft und verliert während des Prozesses seine technologischen Fähigkeiten – es büßt, um es mit Braungart und Donough zu sagen, seine »Intelligenz« ein. Anstatt von Recycling wäre es treffender, von Downcycling zu sprechen. Darüber hinaus bringt die Form von Recycling, wie sie derzeit betrieben wird, konkrete negative Folgen mit sich: »In Textilien aus recycelten PET-Kunststoffen (wie etwa synthetischen Fleece-Stoffen) lassen sich Spuren von Antimon nachweisen, einem toxischen Halbmetall, das in dem Material konserviert und dann über die Haut des Trägers aufgenommen wird.«[2]

Michael Braungart und William McDonough propagieren als Gegenentwurf das Prinzip »Cradle to Cradle«, oder übersetzt: von der Wiege bis zur Wiege. Dieses Konzept bietet zu bestehenden Produktionsweisen eine Alternative, bei der »Materialien zu Nährstoffen werden, die sich innerhalb von Stoffwechselkreisläufen (Metabolismen) bewegen und der Begriff ›Abfall‹ – wie wir ihn kennen – nicht vorkommt.« Das in Hamburg ansässige, von Michael Braungart 1987 gegründete Forschungs- und Beratungsinstitut EPEA, schlägt mit der »Idee der Öko-Effektivität die Umwandlung von Produkten und der damit zusammenhängenden Materialströme vor, wodurch eine tragfähige Beziehung zwischen ökologischen Systemen und dem Wirtschaftswachstum möglich wird. Das Ziel besteht nicht darin, den Materialstrom ›von der Wiege zur Bahre‹ zu verringern oder zu verzögern, sondern darin, zyklische Stoffwechselkreisläufe zu erzeugen, die eine naturnahe Produktionsweise ermöglichen und Materialien immer wieder neu nutzen.«[3]

Außer in der Beobachtung natürlicher Kreisläufe haben die beiden Autoren, die das Prinzip einer konsequenteren Wiederverwertung unter eigenem, neuen Namen vermarkten, wahrscheinlich auch Inspiration in der Arbeit von Walter Jorden gefunden. Der inzwischen emeritierte Professor für Konstruktionslehre hatte schon Ende der 1970er-Jahre den Begriff der »recyclinggerechten Konstruktion« geprägt;[4] und bereits 1993 gab der Verein Deutscher Ingenieure (VDI) die Richtlinie Nr. 2243 zum Thema »Recyclingorientierte Produktentwicklung« heraus. Schließlich werden in der Planung und Konstruktion jeden Produktes die Weichen gestellt für seine Sortenreinheit, Demontageeignung sowie Reparierbarkeit – und damit seiner späteren Verwertung.

Im 21. Jahrhundert heißt das Prinzip also »Cradle to Cradle«, ist in seiner Definition weiter differenziert und stellt an Erzeugnisse, die darauf basieren, den Anspruch, dass sie vollständig in einen biologischen oder technischen Kreislauf integrierbar sein müssen. Das heißt: Ein Produkt wird, nachdem es nicht mehr benötigt wird, entsorgt, dient dann aber erneut als Nährstoff für die Natur – oder eben die Industrie. Als Beispiel für die Umsetzung des Konzepts erwähnen die beiden Autoren in ihrem Buch Möbelbezüge der Firma Design Tex. Der Bezugsstoff wird aus Naturfasern – Wolle von neuseeländischen Schafen und einer Faserpflanze aus Asien – hergestellt. Da das fertige Produkt die Umwelt nicht schädigen darf, stellte vor allem die Auswahl der Farben ein Problem dar. 1.600 Farbstoff-Formeln wurden analysiert, bis daraus jene sechzehn gewählt werden konnten, die sowohl den technischen als auch den ökologischen Anforderungen entsprachen. Nun können die Stoffabfälle zu Filz verarbeitet werden, der kompostiert werden kann und sich im Anbau von Erdbeeren und Gurken nutzen lässt.

Ein weiteres Beispiel ist das kompostierbare T-Shirt. Die im baden-württembergischen Burladingen beheimatete Firma Trigema wollte ein Leibchen herstellen, das nicht nur hautfreundlich ist, sondern auch biologisch abbaubar. Wenn es nicht mehr getragen werden kann, sollte es ganz einfach im Garten verbuddelt werden können – nicht nur, ohne die Umwelt zu belasten, sondern sogar noch nützlich als Kompost. Das Material war schnell gefunden; herkömmliche Baumwolle weist ein sehr gutes Abbauprofil auf. Auch hier jedoch stellten die Farben die größte Herausforderung dar; da viele herkömmliche Farbstoffe Schwermetalle oder andere Toxine enthalten, werden sie spätestens dann zum Problem, wenn sie in die Umwelt gelangen. Man fand nach intensiver Suche schließlich eine Alternativlösung. Nun gibt es also Shirts, die in vielen verschiedenen Farben angeboten werden und, wenn sie schließlich doch abgetragen sind, noch als Nährstoffe für die Natur dienen.

Diese Produkte kommen laut Braungart und McDonough nicht nur der Umwelt zugute, sondern bringen auch ökonomische Vorteile. So könnten zum Beispiel die Sitzbezüge im Airbus 380 komplett rückgeführt werden – in die biologischen Kreisläufe und seien um rund 20 Prozent billiger herzustellen als die vorherigen Textilien. Weil ungiftige Rohstoffe verwendet würden, werde unter anderem der Arbeitsschutz bei der Herstellung vereinfacht, ebenso die Lagerhaltung und die gesamte Produktion billiger.

Was im Fall natürlicher Materialien einigermaßen leicht nachvollziehbar ist, findet auch bei den synthetischen statt – nur wie? Der technische Kreislauf ist dem biologischen nachgebildet und betrifft synthetische oder teilsynthetische Produkte, die nicht kompostiert werden können. Auch hier gibt es keine eigentlichen Abfälle, sondern nur »Nährstoffe«, die in einem geschlossenen Kreislauf zirkulieren. Damit

behält das Material seinen Wert und erfährt kein Downcycling. Als Beispiel führen Braungart und McDonough die Teppichfirma EcoWorx an, die ein System entwickelt hat, bei dem aus alten Teppichfasern eigener Herstellung Nylongarn höchster Qualität wiedergewonnen und verarbeitet werden kann.
Im Bereich Büromöbel gibt es mittlerweile Produkte, die ganz nach dem Cradle-to-Cradle-Prinzip gefertigt sind. Die amerikanische Firma Herman Miller stellte 2003 den Mirra-Stuhl vor. Der ist in erster Linie ein Möbel, das funktionieren muss. Aber die verwendeten Materialien sind immer wieder recycelbar und zwar ohne Qualitätsverlust. Eine wesentliche Voraussetzung dafür ist, dass keine Verbundwerkstoffe zum Einsatz kommen, deren Bestandteile unterschiedliche Formen der Wiederaufbereitung erfordern, aber nur sehr aufwendig oder gar nicht voneinander getrennt werden können. Im Fall von Mirra ist das erfüllt: Der Stuhl ist leicht zu zerlegen, kann zu immerhin 96 Prozent im wahren Wortsinn recycelt werden und enthält keine toxischen Stoffe. Der 2005 ebenfalls von Herman Miller präsentierte Cell-Stuhl übertrifft seinen Vorgänger noch: zu 99 Prozent wiederverwertbar, von Beginn an schon zu einem Drittel aus recyceltem Material bestehend und in fünf Minuten in seine verschiedenen Bestandteile zu zerlegen. Voraussetzung für die vorgesehene Rückführung in den technischen Kreislauf ist natürlich, dass der Stuhl, hat er ausgedient, nicht einfach auf den Müll fliegt, sondern auch tatsächlich zerlegt wird und seinen Weg dahin findet, wo er weiter nutzbar gemacht wird.
Plastik kann in einen solchen Kreislauf einbezogen werden – so wie das Cateringgeschirr der deutschen Firma Belland. Warum werden Kunststoffe, die aus dem wertvollen und knappen Rohstoff Erdöl bestehen, nach einmaliger Verwendung eigentlich verbrannt oder deponiert? Das fragte sich Roland Belz bereits Ende der 1980er-Jahre. Dass es auch anders geht, zeigte zu dem Zeitpunkt bereits die Wiederverwertung von Altpapier. Belz fing an, über einen Kunststoff nachzudenken, der die Gebrauchseigenschaften von herkömmlichem Plastik besitzt, aber die Recyclingeigenschaften von Papier. Das Ergebnis der Pionierarbeit: Der erste programmiert laugenlösliche Kunststoff basiert auf Carboxylgruppen, lässt sich einfach recyceln, und die da-

raus geformten Produkte unterscheiden sich nicht von Neuware. Auch dieser Kreislauf funktioniert nur dann, wenn die Ware nach Gebrauch wieder zum Hersteller zurückkommt, weshalb Belland sich seit 2004 auf Cateringgeschirr spezialisiert hat. Seine Becher werden bei Marathons, Konzerten oder Fußballspielen eingesetzt und über eine spezielle Logistik wieder eingesammelt; nur dadurch bleibt das Prinzip eines geschlossenen Materialkreislauf gewährleistet.

Manchmal ist nicht ganz klar, ob Firmen, die mit einer Umsetzung des Cradle-to-Cradle-Prinzips werben, dieses auch bis in die letzte Konsequenz verstanden haben. Im Dezember 2009 teilte eine Schweizer Firma mit, dass es für ihre neue Kollektion von Einrichtungsstoffen gelungen sei, in einem neuartigen technologischen Prozess Garn aus leeren PET-Flaschen zu gewinnen und diese dann zu hochwertigen Einrichtungsstoffen zu verarbeiten. Für jeden gewobenen Meter Stoff würden bis zu siebzehn 500 ml-PET-Flaschen verwertet, und dafür habe man das »MBDC Silver Cradle to Cradle«-Zertifikat erhalten. Die Frage, wozu die Textilien aus aufbereitetem PET ihrerseits weiterverwertet werden können, wie sie wieder in den Stoffkreislauf rückgeführt werden können, kann vom Hersteller jedoch nicht beantwortet werden. Man gehe davon aus, dass die hochwertigen Stoffe lange halten und so schnell nicht ausgemustert werden müssen.

Michael Braungart selbst fand für das Prinzip, das sich auch mit »Recycling, aber richtig« umschreiben ließe, ein Anwendungsbeispiel, das die Idee radikal verdeutlicht: Die amerikanische Originalausgabe seines Buches *Cradle to Cradle* wurde nicht auf herkömmliches Papier gedruckt, sondern die Seiten bestehen aus dünnem Kunststoffmaterial. »Das Buch wiegt zwar rund doppelt so viel wie die deutsche Übersetzung auf normalem Papier, dafür ist das Kunststoffbuch wasserfest und unter der Dusche lesbar«, wie *DIE ZEIT* am 16. November 2009 feststellt.[5] In einem einfachen chemischen Schritt kann die Tinte zurückgewonnen und der Kunststoff sortenrein eingeschmolzen werden – vorausgesetzt, die Bücher gelangen nach Benutzung zu einem Ort, an dem das mit ihnen geschehen kann.

1 Braungart u. McDonough, S. 28
2 ebd., S. 21
3 Homepage des EPEA Instituts für internationale Umweltforschung, www.epea.com/de/content/hintergrund-visionen (Stand: 9.1.2014)
4 vgl. Walter Jorden/R.-D. Weege, »Recycling beginnt in der Konstruktion«, in: *Konstruktion* 31 (1979), S. 381-387
5 nachhaltigkeit.org, »Infoportal für nachhaltige Wirtschaft und Politik«, www.nachhaltigkeit.org/200912103651/materialien-produkte/beitrage/luxus-stoffe-aus-pet (Stand: 9.1.2014)
6 Magdalena Hamm, »Abfall ist Nahrung«, *DIE ZEIT* 47/2009

Der Mensch ändert sich

Bei allen bisher betrachteten Lösungsmöglichkeiten stehen weiterhin der Kunststoff selber und Möglichkeiten seiner Modifizierung im Mittelpunkt. Läge jedoch eine weitere Alternative nicht darin, sich Bereiche unseres Lebens und unserer Lebensumgebung noch einmal plastikfrei vorzustellen?
In Wirklichkeit ist Plastik heute so gefragt wie niemals zuvor. Im Jahr 2007 wurden weltweit 260 Millionen Tonnen Kunststoff produziert. Davon kamen 25 Prozent aus Europa und allein 8 Prozent aus Deutschland. Wenn es nach PlasticsEurope Deutschland geht, wird der Pro-Kopf-Verbrauch weltweit bis 2015 um jährlich 5 Prozent steigen. Als die wichtigsten Wachstumsmärkte werden Osteuropa und Südostasien genannt.[1]
Diese Entwicklung ist auch darauf zurückzuführen, dass immer neue Anwendungsmöglichkeiten für das Material gefunden werden. PlasticsEurope hat den britischen Science-Fiction-Autor und »Futurologen« Ray Hammond beauftragt, über zukünftige Anwendungen von Plastik nachzudenken. Denn Plastik sei nicht das Problem, sondern die Lösung, lautet die Parole. Zur Illustration dieser Einschätzung zählt Hammond alles auf, was nach zunehmend verbreiteter Meinung einen Ausweg aus dem Klimawandel und seinen Folgen bieten könnte. Gerade aus dem Bereich der erneuerbaren Energien sei Plastik nicht wegzudenken, ist Ray Hammond überzeugt. »Für Windparks im Meer ist Plastik unverzichtbar. Das Meerwasser greift die Materialien an, und Metall würde sehr schnell ermüden. Aber dem Kunststoff macht das nichts aus. Und auch im Bereich der Solarenergie wird Plastik zunehmend wichtig. Kunststoffe, die Strom leiten, kann man ausrollen, wo immer man will. Und so billigen Solarstrom gewinnen.«[2]
Im Boeing Dreamliner seien bereits drei Viertel aller verwendeten Materialen Kunststoffe, was, verglichen mit heutigen Flugzeugen, einen um 30 Prozent verringerten CO_2-Ausstoß bedeute.
Und CO_2 ist schließlich das Zauberwort – auch Schiffscontainer aus Plastik (z.B. zum Transport von Plastikgranulat) seien viel leichter, was wiederum CO_2 sparen würde. Das Beispiel Auto illustriert, was die

Nebeneffekte solcher Prognosen sind. Der Kunststoffanteil an Autos ist in den letzten Jahrzehnten kontinuierlich gestiegen, was je nach Modell eine Gewichtseinsparung von 100 bis 200 Kilogramm pro Fahrzeug bedeuten könnte. Leichtere Autos bedeuten geringeren Kraftstoffverbrauch – nur sind die Autos dadurch nicht etwa leichter geworden, sondern im Gegenzug immer wieder etwas größer – und so im Endeffekt gleich schwer.

Auch andere Anstrengungen zur CO_2-Reduzierung führen zum Teil zu weiter anwachsenden Kunststoffmengen. Um Heiz- bzw. Kühlenergie zu sparen, arbeitet die Politik an Auflagen für die Isolierung von Wohnhäusern. Oft kommen dabei aus Kostengründen synthetische Dämmstoffe wie Polyethylen, Polystyrol oder Polyurethan zum Einsatz. Wie und zu welchen Kosten diese Materialien entsorgt werden, wenn sie beschädigt sind oder ein Haus abgerissen wird, ist jedoch größtenteils noch völlig unklar. Und es ist wie beim Auto – das eingesparte CO_2 taucht möglicherweise an anderer Stelle in der häuslichen Energiebilanz wieder auf.

Eine noch relativ neue Erfindung ermöglicht es sogar, dass man zu Hause individuell seine eigenen Plastikobjekte produzieren kann: der 3-D-Drucker. Wie der private Farbtintenstrahler den professionellen Fotoabzug aus dem Geschäft überflüssig macht, ersetzt diese Maschine die Tupperwareparty. Ähnlich wie ein Drucker wird das Gerät mit einer Art Toner befüllt – nur eben nicht aus Farbpigmenten, sondern aus Kunststoff, Keramik oder sogar Metallpulver. Bei den einfacheren Druckern wird schnell aushärtendes Plastik additiv nach einem bestimmten Muster aufgetragen, Schicht um Schicht, je nach Datenvorgabe. Dabei wird ein Nylon-Pulver mithilfe von Halogenlampen verflüssigt und zum gewünschten Objekt verschmolzen. Das Gerät ist laut Werksangaben in der Lage, kleine Objekte wie Spielzeug oder Becher herzustellen, und das Ergebnis ist innerhalb weniger Stunden verfügbar. So könnte theoretisch jeder nach Bedarf (beziehungsweise nach Lust und Laune) seine eigenen dreidimensionalen Plastikobjekte produzieren. Komplexere Gegenstände kann man sich in sogenannten FabLabs ausdrucken oder über Online-Dienste erstellen und schicken lassen.

Waren die vor allem für Architekten und Produktdesigner zur Herstellung von Modellen interessanten Geräte vor wenigen Jahren mit einem Einstiegspreis von 16.000 Euro noch eine ausgesprochen teure Anschaffung, sind Drucker für Heimanwender 2013 schon ab 200 US-Dollar zu haben. Für den industriellen Einsatz wird derzeit experimentiert mit Apparaten, die sogar mehrere Ausgangsmaterialien simultan verarbeiten können – mit Kunststoffen in unterschiedlichen Härtegraden und Farben ist das schon möglich. So ist es vorstellbar, Ersatzteile, aber auch Alltagsgegenstände wie Zahnbürsten oder Plastikgabeln einzeln zu produzieren. Die Anschaffung eines solchen Spielzeugs regt natürlich dazu an, auch Gebrauch davon zu machen. Über das gesundheitsgefährdende Potenzial dieser Miniaturfabriken für den Privatgebrauch ist noch nichts bekannt.

Bis es so weit ist, dass wir uns Plastikobjekte regelmäßig selber »ausdrucken«, wächst der Müllberg schon mal weiter in Form von Verpackungsmaterialien, deren Anteil am Müllaufkommen generell zunimmt. Der Trend geht zur Verpackung in der Verpackung. Gerade weil die Produktion so lachhaft billig ist, ist es zum Beispiel kein Problem, Käse, der ohnehin in Plastik eingepackt ist, nochmals scheibenweise einzeln mit Folie zu umhüllen. In der Kalkulation macht sich das so gut wie nicht bemerkbar, und der Konsument fühlt sich durch die doppelte Verpackung sicher. Sicher vor dem Angriff der Bakterien, sicher vor dem Zugriff der Natur. Wie tönte es auf der K 2008 in Düsseldorf, der größten Kunststoffmesse der Welt, so beruhigend aus dem Lautsprecher? »Plastic protects you – whatever you do, wherever you are!« Mittlerweile werden selbst Produkte, die für den schnellen Verzehr gedacht sind, eingepackt, als sollten sie für alle Ewigkeit konserviert werden.

Wenn alles so weiter geht wie bisher, werden wir also auch künftig von Plastik überschwemmt – vielleicht von Plastik mit moderneren Schadstoffwerten, aus anderen Rohmaterialien, mit besser durchdachten Wiederverwertungszyklen. Wer sich nicht darauf verlassen will, dass Politik und Industrie schon alles wieder halbwegs in Ordnung bringen werden, kann etwas anderes versuchen – und zwar einfach, dem Plastik aus dem Weg zu gehen.

Den Chemikalien um uns herum ganz zu entkommen, ist so gut wie unmöglich. Aber jeder Einzelne kann dafür sorgen, die individuelle Schadstoffbelastung gering zu halten, stellt Umweltmediziner Klaus Rhomberg fest. »Grundsätzlich hat der kritische Konsument die Möglichkeit, sich gesund zu ernähren. Er kann in seinen Wohnräumen sehr viele unbedenkliche Stoffe verwenden. Wenn man dann noch bei Kosmetika und Reinigungsmitteln auf Naturstoffchemie und Schadstofffreiheit schaut, dann hat man schon einen unglaublichen Beitrag geleistet, dann hat man schon drei Viertel vom Schadstoffinput im Griff. Eine bestimmte Dosis halten wir alle aus, aber ich plädiere dafür, unnötige Belastungen zu vermeiden.«[3]

Die Frage, was jeder im Einzelnen tun kann, wurde nach dem Filmstart von *Plastic Planet* im Jahr 2010 häufig gestellt. Eine Familie hat darauf für sich selber schnell eine Antwort gefunden. Sandra Krautwaschl und Peter Rabensteiner haben zusammen mit ihren Kindern beschlossen, einen Versuch zu starten. Das Ziel: Plastik so weit wie möglich aus ihrem direkten Wohnumfeld zu verbannen. Zwar sei sie vorher schon umweltbewusst gewesen, sagt Sandra Krautwaschl, aber den Aspekt Kunststoff habe sie dabei bis dahin gar nicht recht bedacht. Als die Familie im Bekanntenkreis verkündete, vorerst einen Monat lang soweit wie möglich auf Plastik verzichten zu wollen, waren die Reaktionen unterschiedlich. Die einen wünschten alles Gute, andere zeigten sich skeptisch, mitunter sogar aggressiv. Wie soll das gehen, das gesamte Plastik aus dem Haus zu werfen? »Aber wenn alle sagen, das geht nicht, dann reizt es mich gleich besonders«, so Krautwaschl.[4]

»Am Anfang war es ein sehr einfaches Projekt«, erklärt ihr Mann. Alles, was neu angeschafft werden musste, sollte plastikfrei sein. Dinge aus Kunststoff, die schon da waren, wurden so weit wie möglich ausgelagert in ein sonst kaum genutztes Wirtschaftsgebäude neben dem Haus – um sie nach dem Experiment leicht wieder zurückholen zu können. »Wir wollten nur die Güter des täglichen Gebrauchs ohne Plastik kaufen. Der zweite Schritt war dann die Überlegung, Nahrungsmittel nicht mehr in Kunststoffbehältern aufzubewahren. Dann weiteten wir unser Experiment auf das Spielzeug der Kinder aus. Nach und nach. Schritt für Schritt.«[5] Es geht weder um Verzicht noch um Rigorosität, wie die Familie auf ihrem eigens dafür eingerichteten Weblog *Kein Heim für Plastik*[6] feststellt, sondern schlicht darum, einen neuen Blick für die Dinge des Alltags zu bekommen. Und so war auch schnell klar, dass sie auf Computer, Fernseher, Handy, Kühlschrank und Staubsauger nicht verzichten werden.

Aber das Einkaufsverhalten hat sich verändert. In Lebensmitteldiscounter geht die Familie so gut wie gar nicht mehr; ist doch dort praktisch alles in Plastik eingepackt. Ansonsten aber wird in den gleichen Supermärkten wie vorher gekauft. Nur nimmt Sandra Krautwaschl zum Einkaufen jetzt immer einen Behälter aus Aluminium oder Weißblech mit, in die sie sich Wurst und Käse hinein legen lässt. Wenn sie mal keinen Behälter dabei hat, bittet sie die Verkäuferin, die Ware ganz einfach in normales Papier zu verpacken – nicht in das dafür vorgesehene Einwickelpapier, denn auch das ist mit Kunststoff beschichtet. Meist geht das ohne Probleme. Nachdem sie anfangs etwas schief angesehen wurden oder auch den Einwand hörten, aus hygienischen Gründen dürfe nicht auf die Plastikverpackung verzichtet werden, geschieht nun eher das Gegenteil: Die Verkäuferinnen unterstützen die Familie. »Ist ja wirklich ein Wahnsinn, wie viel Verpackung wir brauchen«, hört Sandra Krautwaschl des Öfteren. Auch beim Einkauf von Obst und Gemüse war es leicht, die dünnen Plastiktüten zu vermeiden, in die normalerweise jeder einzelne Apfel eingepackt zu werden pflegt. Die Nahrungsmittel werden einfach abgewogen und lose in die mitgebrachte Stofftasche gelegt; darauf lassen sich auch die verschiedenen Preisbons kleben.

Die Familie wohnt in der Steiermark, einige Kilometer von der Landeshauptstadt Graz entfernt. Auf dem Land zu leben, erweist sich für das Experiment als Vor- und Nachteil zugleich. Milchflaschen aus Glas zum Beispiel seien nirgendwo in der Umgebung aufzutreiben, beklagt Sandra Krautwaschl. Die bekomme man nur im Bioladen in Graz, wobei diese dann wiederum aus Deutschland importiert werden, was auch nicht im Sinn eines umweltfreundlichen Einkaufs sein kann. Aber zwei solcher Glasflaschen spült die Familie jetzt immer aus und geht damit die Milch beim Bauern direkt einkaufen.

Wichtig war, das Experiment so zu gestalten, dass daraus so gut wie kein Mehraufwand entsteht. Für ein plastikfreies Produkt hundert Kilometer mit dem Auto zu fahren, ergibt keinen Sinn. Wenn Mehraufwand, dann höchstens in Form von Zeit, so das Motto. Und in manchen Fällen fühlt sich das dann gar nicht so aufwendig an, wie Peter Rabensteiner am Beispiel Milch erklärt: »Wir holen sie vom Bauern, der knapp einen Kilometer von uns entfernt ist. Mittlerweile ist der Gang dorthin schon zu einem fixen Bestandteil im Familienleben geworden. Vor allem unsere Tochter Marlene geht gerne mit mir. Wir spazieren 800 Meter hin, 800 Meter zurück, plaudern, das ist sehr nett. Wenn es früh finster wird, sind wir mit der Laterne unterwegs, das ist wirklich schön.«

Die Familie hat drei Kinder. Samuel ist 13 Jahre alt, Marlene 10 und Leo 7. Geld zu verschwenden, kann sich die Familie schon allein aus diesem Grund nicht leisten. Daher die wohl wichtigste Frage: Ist das Leben teurer geworden, seitdem die fünf Plastik meiden? Insgesamt nicht, erklärt Sandra Krautwaschl. »Die einzelnen Produkte kosten zwar teilweise das Doppelte – weil wir eben nicht mehr zum Discounter gehen –, aber insgesamt ist es billiger geworden.« Die Schnäppchenkäufe zum Beispiel, die dann ohnehin nicht gebraucht werden, sind weggefallen.

Überhaupt ist Einkaufen bei den Krautwaschl-Rabensteiners ein viel bewussterer Prozess geworden. »Benötigen wir das wirklich?«, lautet nun die erste Überlegung. Und wenn ja: Können wir es uns in der Qualität, die wir uns wünschen, leisten? »Letzte Woche wollten wir eine Küchenmaschine kaufen. Die kostet aber in der Variante ohne Plastik – in Edelstahl – 600 Euro. Und da denkt man dann weiter: Benutzen wir sie denn so häufig, dass es sich auszahlt? Was ist mit dem Stromverbrauch? Wir sind kritischer geworden, was das Einkaufen an sich betrifft, und auf diesem Weg haben wir dann die Mehrkosten für die einzelnen Dinge mehr als wieder herinnen.« In anderen Bereichen wird am Produkt direkt eingespart. Bei den Putzmitteln zum Beispiel haben sie eine Lösung gefunden, bei der sie keine Plastikflaschen kaufen müssen. Die Familie putzt jetzt wie früher mit Essigessenz (wegen seiner entkalkenden Wirkung sowieso Bestandteil vieler Reinigungsmittel), den gibt es in der Glasflasche. »Wer den Geruch nicht mag, kann Zitronensäure verwenden«, meint Sandra Krautwaschl. »Alles wird genauso sauber, und wir haben keine chemische Belastung. Ich habe von den Putzmitteln oft Husten bekommen. Das ist jetzt alles weg. Und es stellt sich auch die Frage nach der Hygiene: Wie viel Chemie, wie viel Gift brauchen wir, damit wir glauben, unsere Umgebung sei hygienisch?«

Folgende Plastikartikel wurden aus dem Haus entfernt, und werden in Zukunft gar nicht mehr oder in einer kunststofffreien Version verwendet:

Küche
- sämtliche Tupperware und ähnliche Aufbewahrungsbehälter
- alle Kochutensilien aus Plastik (Salatbesteck, Salzstreuer, Pfeffermühle, Rührschüsseln, Mixstab, Siebe, etc.)
- Wasserkocher
- Mikrowellenherd
- Tiefkühlbeutel
- Butterbrotdosen
- Trinkbecher
- synthetische Wischtücher
- Brotbehälter
- Handgeschirrspülmittel

Statt Tupperware werden nun Einmachgläser, Blech-, Edelstahl- oder Aludosen verwendet. Der Wasserkocher wurde bisher nicht ersetzt, weil die Familie mit dem Tischherd auch heizt und somit Wasser zumindest im Winter immer nebenher im Topf kocht. Für den Sommer erwägen sie die Anschaffung eines Edelstahlmodells. Den Mixstab haben sie bisher nicht vermisst, und auch die Mikrowelle war sowieso nur selten im Einsatz. Tiefkühlbeutel wurden durch Gläser oder Bioplastikbeutel ersetzt. Statt der synthetischen Putzlappen werden Waschlappen aus Frottee benutzt, die mit der Kochwäsche gewaschen werden. Das Brot wird in Papier oder einem Bioplastikbeutel im Backrohr gelagert und ist dort noch nie schimmlig geworden. Das Geschirrspülmittel wird im Bioladen gekauft, wo es aus einem Kanister in eine Glasflasche abgefüllt wird. Zu Hause wird es umgefüllt in einen Keramikseifenspender, woraus es sich gut dosieren lässt.

Bad
- Plastikregale
- Aufbewahrungsdosen
- Schmutzwäschetonnen
- alle plastikverpackten Hygieneartikel (Shampoos, Flüssigseifen, Duschbäder, Zahnpasta, Cremes, Körperlotionen, Deos, etc.)
- Zahnputzbecher
- Badespielzeug aus Plastik
- sämtliche Putzmittel
- Mülleimer
- Seifenablage

Plastikregale wurden ersatzlos gestrichen, was zur Folge hat, dass nun auch weniger Kleidungsstücke im Bad herumliegen. Schmutzwäsche kommt in einen Wäschesack oder direkt in die Waschküche. Hygieneartikel wurden drastisch reduziert: Plastikverpackungen wurden ersetzt durch feste Seife, Metalltuben (Zahnpasta, Shampoos) und glasverpackte Produkte (Deos, Lotionen, Cremes) – nur die Deckel sind doch bei allem, was einen Drehverschluss hat, aus Kunststoff. Putzmittel beschränken sich auf Essig und pulverförmige Zitronensäure, die auch gut als WC-Reiniger einzusetzen ist. Mülleimer und Seifenablagen gibt es nun in plastikfreier Variante. Die Zahnputzbecher sind aus Keramik, sogar die Zahnbürsten wurden teilweise ersetzt durch welche aus Holz. Auf Badespielzeug wird ganz verzichtet.

Kinderzimmer
- Aufbewahrungsboxen für Spielzeug
- die meisten Puppen
- Plastikkindermöbel
- große Teile des übrigen Plastikspielzeugs

Aufbewahrungsboxen wurden teilweise durch vorhandene Holz- oder Kartonkisten ersetzt; da aber weniger Spielzeug in den Kinderzimmern ist, werden auch weniger Behälter benötigt. Puppen gibt es auch aus Stoff – und Marlene spielt ohnehin nicht mehr mit Puppen. Diverse Plastikmöbel und ein großer Teil des Spielzeugs (Autogarage, Puppenküche, Plastiksessel, Lego, Autos) haben sich bis jetzt als entbehrlich erwiesen. Nur Playmobil wurde auf Leos Wunsch wieder zurück ins Haus geholt.

Sonstiges
- massenweise Taschen und Rucksäcke, die sich im Laufe der Jahre angesammelt hatten
- Plastikaufbewahrungskisten aller Art und Größe
- Eimer
- Gießkannen
- Plastikstühle
- unglaublich viel Kleinkram aus Plastik

Die Familie betont, dass das, was sie tun, gar nichts so Besonderes sei. Manchmal aber habe sie das Gefühl, die Leute wollten das Experiment absichtlich falsch verstehen, meint Sandra Krautwaschl.»Sie kommen mit dem perfektionistischen Argument. So in der Art: Man kann eh nicht komplett auf Plastik verzichten, also fängt man erst gar nicht mit den kleinen, einfachen Dingen an.« Die Krautwaschl-Rabensteiners haben ihr Experiment von Anfang an in einem Blog im Internet dokumentiert. Zu Beginn fanden sich auf der Homepage mitunter spöttische Bemerkungen. Aber das hat aufgehört. Jetzt hat sich daraus ein Forum entwickelt, in dem Ideen ausgetauscht werden und Tipps: Wie kommt man am besten ohne Plastik über die Runden, wo gibt es welche Produkte zu kaufen?
Auch viele Bekannte der Familie folgen nach und nach ihrem Beispiel. Tuppergeschirr ist schon in mehreren befreundeten Haushalten tabu, Plastiktüten ebenso. »80 Prozent der Dinge sind leicht zu ersetzen, die restlichen schwer. Und die letzten 5 Prozent unmöglich«, bringt es Peter Rabensteiner auf den Punkt.

Am Anfang wollte die Familie einen Monat ohne Plastik leben. Nun hat sie bereits zwei Monate hinter sich – und hat nicht vor, ins alte Leben zurückzukehren. Am deutlichsten lässt sich das Ergebnis ihrer Bemühungen an der Mülltonne ablesen. 80-90 Prozent weniger Müll findet sich dort. Glas ist mehr geworden, räumt Peter Rabensteiner ein. Aber vieles davon sind Pfandflaschen. Gurkengläser und Ähnliches werden recycelt oder als Aufbewahrungsbehälter in der Küche weiterverwendet. Natürlich gibt es immer wieder die Verlockung, zu Plastik zu greifen, vor allem wenn es schnell gehen muss. Es sei jedoch nur eine Frage der Einstellung, so Sandra Krautwaschl. Man müsse den Schalter im Kopf umlegen, ein wenig flexibel sein.»Heute zum Beispiel wollte ich Tomaten im Glas kaufen. Die gab es aber nicht. Da habe ich halt anderes Gemüse im Glas gekauft. Und auf manche Produkte haben wir ganz verzichtet. Mozzarella zum Beispiel. Den habe ich noch nirgendwo offen gefunden. Immer nur in Plastik verpackt. Essen wir eben keinen Mozzarella mehr.«

1 Homepage von PlasticsEurope Deutschland,
www.vke.de/de/markt/kunststoffglobal/kunststoffglobal.php?ctop=1
(Stand: 15.1.2010)
2 Ray Hammond im Interview mit den Autoren
3 Klaus Rhomberg im Interview mit den Autoren
4 Sandra Krautwaschl im Interview mit den Autoren
5 Peter Rabensteiner im Interview mit den Autoren
6 www.keinheimfuerplastik.at

15 Länder, 400 Stunden Material und einige verzweifelte Momente

1999 habe ich zum ersten Mal in der Zeitung etwas zum Thema Plastik gelesen. Es war ein kleiner Artikel über vom Aussterben bedrohte Fische, die sich nicht mehr fortpflanzen können, weil ihnen eine Substanz schadet, die in Kunststoff enthalten ist und unter bestimmten Umständen in die Umwelt gelangen kann. Damals habe ich mich schon gefragt, warum darüber nur mit so wenigen Zeilen berichtet wurde. Das war doch der reinste Sprengstoff! Warum kümmerte sich niemand drum?

Ich habe den Zeitungsausschnitt eine Weile liegen lassen und mich nicht weiter um das Thema gekümmert, aber etwas war in mir in Gang gekommen und nicht mehr aufzuhalten. Auf die nächste Meldung stieß ich im *Time Magazine*, da ging es um Eisbären, die von der Verschmutzung des Grönlandmeers bedroht waren. Es kamen immer mehr Artikel dazu, und schließlich fing ich an, gezielt zu sammeln und zu recherchieren. Ich wollte wissen, was los ist.

Etwa zur selben Zeit kaufte ich in Wien den aufblasbaren Plastikglobus, auf dessen Spur ich mich im Film begebe. Interessanterweise begegnete ich genau dem gleichen Ding in Italien, Deutschland, England und Amerika, und meistens wurde es auch noch von derselben Firma hergestellt und vertrieben – ein passendes Bild für die Situation, in der wir uns befinden: Wir leben auf dem »Plastic Planet«.

Welche Bedrohung Plastik für die Umwelt darstellt, ist mittlerweile wohl jedem bewusst. Wer kennt nicht die Müllteppiche an den Stränden dieser Welt? Aber ich begann mich zunehmend dafür zu interessieren, ob es nicht auch eine direkte Bedrohung für den Menschen gab – und wenn ja, worin sie bestand.

Um das Risiko zu umgehen, eventuell nur ein bestimmtes Klientel zu erreichen, plante ich von Anfang an, keinen typischen Umweltschützer- oder gar Aktivistenfilm zu machen. Der Film war zunächst fast so nüchtern konzipiert wie ein Fernsehbericht. Doch als ich spürte, wie nahe mir das Thema ging, wurde daraus ein größeres Projekt.

Mir wurde immer mehr klar, woher mein Interesse an der Kunststoffproblematik ursprünglich kam, und warum gerade mir wohl der erste

Zeitungsartikel aufgefallen war: Meine eigene Familie spielte dabei eine Rolle. Ich erinnerte mich, dass mein Großvater Geschäftsführer der Interplastik-Werke gewesen war, eines österreichischen Unternehmens, das nach Deutschland expandierte, und dass sowohl meine Mutter als auch meine Tante Diplomarbeiten über Kunststoff geschrieben hatten.

Was hatte mein Großvater über Kunststoff gewusst, was hatte er seinerzeit überhaupt schon wissen können? Um Antworten auf diese Fragen zu bekommen, machte ich mich auf die Suche nach dem Nachlass meines Großvaters und versuchte, ehemalige Kollegen zu finden. Bis auf einen waren die leider alle schon verstorben, und das Gespräch mit dem letzten noch lebenden Mitarbeiter von Interplastik war leider nicht sehr aufschlussreich.

Als Kinofilmprojekt nahm *Plastic Planet* erst Formen an, als der Produzent des Films, Thomas Bogner, das Budget beisammen hatte und wir meinen Plastikplaneten, also diesen aufblasbaren Globus, von einem Labor chemisch analytisch untersuchen lassen konnten. Und siehe da, die Testergebnisse ergaben, dass dieser harmlos aussehende bunte Ball sehr viele Schadstoffe enthielt, auch sehr viel mehr als zugelassen waren. Schlagartig wurde uns klar, dass es auch für den Menschen eine direkte Bedrohung durch Kunststoff gibt.

Um ganz sicherzugehen, habe ich anschließend noch mein eigenes Blut analysieren lassen. Das war ein heftiger Schritt für mich. Zwar wusste ich aus Studien, dass jeder von uns Plastik im Blut hat; ich wusste, dass ich Bisphenol A im Blut haben musste – aber dass es so viel ist, war schockierend. Zwei Jahre später haben wir das Blut des gesamten Teams untersuchen lassen. Dabei stellte sich heraus, dass jeder eine Menge Kunststoffe im Blut hatte, in ganz unterschiedlicher Zusammensetzung allerdings.

So wie der Kunststoff in unser Blut eindringt, wollte ich in die Welt der Kunststoffindustrie eindringen. Also suchte ich nach einem Unternehmen, das ich stellvertretend für die Kunststoffindustrie unter die Lupe nehmen konnte, ohne mich zu verzetteln. Schließlich fiel meine Wahl auf die Dachorganisation der europäischen Kunststofferzeuger, PlasticsEurope. Achtzehn Monate lang versuchten Produktionsleiter

Florian Brandt und ich vergeblich mit Briefen und Telefonaten, einen Kontakt herzustellen! Man hat es dort offensichtlich nicht nötig, mit der Presse zu sprechen; es geht ihnen einfach zu gut. Dass wir schließlich doch empfangen wurden, hatten wir posthum noch meinem Großvater zu verdanken und der Tatsache, dass er in der Welt des Kunststoffs eine nicht unwichtige Rolle gespielt hatte.

Im Laufe der Jahre traf ich unzählige Vertreter aus Industrie, Politik und Wissenschaft. Erschüttert stellte ich immer wieder fest, dass die meisten über die Bedrohung durch Plastik Bescheid wussten, aber kaum etwas dagegen getan wurde. Ich habe 700 Studien gesammelt, die die Gefährlichkeit von Kunststoff für den Menschen belegen, über die Jahre bin ich ein richtiger Kunststoffexperte geworden.

Einer, der angeblich nichts davon wusste, war Herr Katz, der Produktverantwortliche des Schweizer Unternehmens Omya, welches Bisphenol A zum Kauf anbot. Ich zeigte ihm die Studien über die Substanz, und Herr Katz sagte, wenn es gesundheitsgefährdend ist, werden wir Bisphenol A natürlich sofort aus dem Verkehr ziehen! Ich dachte, ich höre nicht recht. Katz sagte das vor laufender Kamera! Kurz darauf rief die Presseabteilung an und teilte mir mit, Omya wolle nicht mit Bisphenol A in Verbindung gebracht werden. Ich wurde unsicher. Hatte ich mich vielleicht geirrt? Ich vergewisserte mich nochmals im Produktkatalog: Da stand eindeutig, dass Omya mit Bisphenol A handelt. Ich habe lange gezögert, die Szene mit Herrn Katz aus dem Film zu schneiden, es schließlich aus dramaturgischen Gründen doch getan. Es hätte zu viel Zeit des Films in Anspruch genommen, zu erklären, was an diesem Handlungsstrang weiter passierte – bzw. vielmehr nicht passierte.

Überhaupt hatten wir mit einem Phänomen umzugehen, das wohl jeder kennt, der einen Dokumentarfilm dreht: Es gab nicht etwa zu wenig Material, es gab viel zu viel. Wir hatten immerhin mehr als 400 Stunden Material zu sichten, eine Mischung aus alten Archivaufnahmen zum Thema Plastik und jenem von uns in 15 Ländern Gedrehtem. Mitten im Dreh sind wir von 35mm-Filmmaterial – anfangs war nichts anderes da – auf HDCam umgestiegen; außerdem habe ich noch zwei, drei kurze Einstellungen auf Mini-HD gedreht, weil ich auf einer Reise allein unterwegs war und nur die kleine Kamera dabei hatte. Normalerweise aber reisten wir zu viert oder zu sechst. Je nachdem, ob wir mit einer oder mit zwei Kameras drehten.

Das »Easy Rig«, eine schwedische Kamerastabilisierungsapparatur zum Umhängen, war uns bei den Drehs eine große Hilfe. Ich mag das System, da unser Kameramann Thomas Kirschner damit immer sehr rasch nah dran ist am Geschehen. Durch das Easy Rig bekommen wir bewegte Bilder: Wenn ich mich bewege, muss er mit mir mit. Wir sind damit flexibler als mit Steadycam, und es sieht schöner aus, als wenn es mit der Handkamera gedreht ist. Schulterkamera ist vor allem dann ein Problem, wenn der Kameramann größer als die Protagonisten ist. Dann blickt man auf die Protagonisten hinab. Das finde ich für meine Dokumentarfilme nicht so passend.

Am schwierigsten gestalteten sich die Dreharbeiten auf der Mülldeponie in Kalkutta. Dort hielten wir uns sechs Tage auf und bekamen angefangen von toten Hunden alles mögliche Unappetitliche zu Gesicht – von der Hitze und dem Gestank ganz zu schweigen. Als wir auf der Rückreise im Flieger saßen, wurde unser Kameramann Thomas Kirschner krank. Erst dachten wir, er hätte Grippe. Beim Aussteigen war er kreidebleich und musste sofort ins Krankenhaus. Am Tag darauf lag das ganze Team in verschiedenen Spitälern, und wir bekamen alle Infusionen. Ich lag in der Wiener Rudolfstiftung und wurde mir darüber klar, in was für einer absurden Situation ich mich befand: Da lag ich nun nach einem Dreh über Plastikmüll und bekam eine Infusion aus einem PVC-Behälter – Plastik als Lebensretter. Ich sah also zu und stellte mir vor, wie mir die Weichmacher ins Blut tropfen. In keinem der Spitäler haben die Ärzte übrigens herausgefunden, was mit uns los war.

Bei Dreharbeiten in den USA, in Colorado war das, kam ich auf die Idee, zu illustrieren, wie viel Plastik man in einem durchschnittlichen amerikanischen Haushalt antrifft. Vor Ort unterstützten uns immer kleine Firmen mit Zusatzequipment. Wir fragten also unsere Serviceproduktion, ob sie uns nicht jemanden besorgen könnten, der bereit wäre, all seine Plastikartikel vor der Haustür aufzutürmen. Und siehe da, eine Angestellte kannte wirklich jemanden, ihren Cousin Charles nämlich. Allerdings wohnte der nicht gerade in der Nähe, und wir mussten am nächsten Tag schon um 9 Uhr am Flughafen sein. Zum Glück war Charles damit einverstanden, dass die Servicefirma über Nacht sein Haus leerräumte. Wir hatten total unterschätzt, wie lange das dauern würde. Morgens um halb acht standen wir auf der Matte und drehten. Dazu hatten wir grade mal eine Stunde Zeit, dann sagten wir schon »Thank you very much« und düsten ab Richtung Flughafen. Das Haus wirkte zu dem Zeitpunkt zwar schon sehr leer, aber das gesamte Plastik war noch längst nicht draußen. So viel Kunststoff hatte diese Familie zu Hause!

Nicht immer gehen meine Drehs so schnell vorüber. Im Gegensatz zu Kollegen, die schon vor dem Interview wissen, was ihnen ihr Protagonist in die Kamera sagen soll und nach diesem Satz auch schon wieder weg sind, rede ich schon mal zwei Tage lang mit jemandem, von dem ich mir was Interessantes erhoffe. In so einem Gespräch erzählt er dann vielleicht manches, was ich schon weiß, aber irgendwann auch etwas Neues, wonach ich gar nicht gezielt hätte fragen können. Dann muss die Kamera auch ununterbrochen mitlaufen, was sicherlich viel Material (Plastik!) verschlingt. Später werden dann im Schneideraum jene Momente herausgetrennt, in denen wir tatsächlich etwas Wichtiges erfahren.

Weil ich selber in solchen Interviews auch zu sehen bin, haben mich die Medien wohl als »österreichischen Michael Moore« bezeichnet. Einerseits finde ich es zwar ganz lustig, mit jemandem verglichen zu werden, der so bekannt ist wie Michael Moore, einer richtigen Marke; und für die Besucherzahlen in den Kinos ist das auch von Vorteil. Aber im Unterschied zu Michael Moore stelle ich keine Thesen auf, um sie dann mit allen Mitteln zu untermauern und wie Propaganda zu Markte zu tragen. Ich gehe eher aus egoistischem Vergnügen an meine Dokumentarfilme heran. Vor dem Drehen weiß ich oft nicht einmal, welche Frage dem Film zugrunde liegen wird und wohin die Reise geht. Das ermöglicht mir, offen auf neue Erkenntnisse einzugehen und diese im Film zum Thema zu machen.

Der Vergleich mit Michael Moore ist in der Szene, wo ich mit einem Megafon in der Hand durch einen Supermarkt laufe und die Leute vor den Gefahren durch Plastik warne, sicher am zutreffendsten. In Japan sind es die Leute gewohnt, dass man mit dem Megafon in Supermärkten oder Elektronikkaufhäusern herumschreit. Und ich wollte eigentlich nur wissen, ob auch jemand reagiert, wenn ich das mache. Ich habe mir dafür ein Megafon geborgt, und der Filialleiter hatte nichts dagegen. Wahrscheinlich fand er es lustig, dass ein Europäer sich für so etwas hergibt.

Erst im Schneideraum wurde mir die Bedeutung der Szene bewusst. Zu diesem Zeitpunkt wusste ich über alle möglichen Gefahren von Kunststoffprodukten Bescheid, aber um mich herum wurden diese Produkte wie wild gekauft. Ich wollte warnen, aber niemand hörte mir zu. Die Kunden, die da unterwegs waren, hörten zwischen den Marktschreiern und mir, dem Warner, keinen Unterschied. Niemand hat reagiert. Da war ich schon ziemlich verzweifelt.

Mein Team ist das glücklicherweise schon gewohnt. Mit dem Produktionsleiter Florian Brandt und den Kameramännern Thomas Kirschner und Dominik Spritzendorfer arbeite ich schon seit acht Jahren zusammen. Die beiden wissen, dass es immer wieder Momente gibt, in denen ich zusammenbreche vor Zweifeln und dann ernsthaft glaube, überhaupt keinen guten Film zustande zu bringen. Beide reagieren aber immer relativ gelassen, wenn ich »meine Tage« habe.

An der Notwendigkeit, Animations-Szenen in den Film einzubauen, hatte ich von Anfang an keine Zweifel. Ich musste zeigen, woraus Plastik besteht und wie es hergestellt wird. Und beim chemischen Prozess der Plastikherstellung kann man nun mal nicht zusehen. Es ging mir genau darum, diesen Prozess zu veranschaulichen: Was sind Polymerketten, wie bilden sie sich? Das versuche ich mit Hilfe einer Animation zu zeigen, und zwar einer ohne »Schulungscharakter«. Viele andere Filmideen habe ich dagegen wieder fallen lassen. Wie beispielsweise die, den Film mit »Barbarella« enden zu lassen. Den Kontakt mit Jane Fonda (der Hauptdarstellerin von Roger Vadims Film *Barbarella* von 1968) hatten wir dafür schon hergestellt. Oder auch die Idee mit dem »Futuro«, einer Art Einfamilienhaus, das vollkommen aus Plastik besteht und 1968 das architektonische Highlight war. Entworfen hat es ein finnischer Architekt, den ich dort auch getroffen habe. Etwa sechzig seiner Häuser wurden gebaut. Heute stehen noch ungefähr 21, verstreut über die ganze Welt. Weil ich selbst nachprüfen wollte, wie es sich in so einer »Plastikplazenta« schläft, fuhren wir mit einem siebenköpfigen Team nach Finnland zu diesem über vierzig Jahre alten »Haus der Zukunft«. Dennoch sind die Szenen nicht im letzten Schnitt zu sehen. Es wird sie dafür als Bonustrack auf der DVD geben, die voraussichtlich im September 2010 erscheint.

Im Innern des »Futuro Number One« habe ich also eine Nacht verbracht – und geglaubt, ich müsse sterben. Es war saukalt und ungemütlich. Denn in den Wäldern ist es feucht, und Plastik hält ohnehin nicht warm. Obwohl ich ein Expeditionsoutfit aus einem meiner früheren Filme trug, dem *Fliegenden Holländer* – damals waren wir zum Dreh in die Arktis geflogen –, habe ich gefroren. Ich wollte das Ganze schon abbrechen und meinen Produktionsleiter zu Hilfe rufen. Dann dachte ich, nein, das ist zu peinlich und habe die Nacht in dem raumschiffartigen Gebilde doch noch durchgestanden.

Zum Plastikmythos gehörte für mich natürlich auch die Barbiepuppe. Um mit Mattel, dem Barbie-Hersteller, in Kontakt zu treten, fuhren wir nach London, wo Christie's gerade die größte Barbie-Auktion aller Zeiten organisierte. Ich ließ mich beim Steigern filmen, und als der Hammer fiel, hatte ich tatsächlich die »Astronauten-Barbie« erstanden. Die ist genauso alt wie ich und sieht unheimlich sexy aus! In der gleichen Reihe wie ich saßen zufälligerweise die Vertreter von Mattel Europa, darunter Sarah Allen, die Europachefin. Sie hatte gegen mich gesteigert, während mein Produktionsleiter hinter mir schwitzte, weil er fürchtete, ich würde unser ganzes Budget aus dem Fenster werfen. Sarah Allen dachte, ich müsse wohl ein unglaublicher Barbie-Fetischist sein, der extra aus Österreich angeflogen kommt und sich auch noch dabei filmen lässt, wie er die Barbie ersteigert! Nachher hat sie uns dann ein Interview gegeben. In den Film passte diese Szene dann aber auch nicht mehr. Auch auf diese Idee musste ich verzichten.

Mein Privatleben hat sich durch all das, was ich durch die Interviews und Recherchen erfahren habe, verändert. Im Studio hatte ich immer

eine Plastikflasche neben mir stehen, die ich stets mit Leitungswasser nachfüllte. Nachdem ich in einer Studie gelesen hatte, dass man Plastikflaschen maximal einmal verwenden sollte, weil sich stets mehr und mehr Giftstoffe im Wasser ansammeln, habe ich die Flasche ausgetauscht. Jetzt trinke ich immer aus einer Glasflasche. Im Supermarkt rede ich mit den Leuten und mache sie auf Plastikverpackungen aufmerksam. Und in der chemischen Reinigung bekommt mein Anzug keine Plastikschutzhülle mehr. Ich lebe modern, kaufe aber so wenig Plastik wie möglich, gemäß den drei R: *reduce, re-use und recycle*.
Aber nicht nur wir Verbraucher, auch die Behörden sind gefordert. Die Industrie sollte zum Beispiel dazu verpflichtet werden, die gefährlichen Substanzen, die bereits bekannt sind, auf den Verpackungen anzugeben. Ich stelle mir das vor wie die E-Nummern bei Lebensmitteln. P 11 etwa könnte für Bisphenol A stehen, P 17 für DEHP. Auf diese Weise könnten wir entscheiden, ob wir ein Produkt kaufen, das P 11 enthält, also eine Substanz, die in dringendem Verdacht steht, für Krebserkrankungen und Unfruchtbarkeit verantwortlich zu sein, oder lieber ein sichereres Produkt.
Dank Kunststoff sind wir auf den Mond geflogen, und ohne Kunststoff würden wir hinter dem Mond leben – diese Einstellung hat sich auch durch die Arbeit an diesem Film nicht geändert! Was ich allerdings fordere, ist ein Verzicht auf giftige Substanzen. Bei Babysaugern und Babyflaschen haben wir einen kleinen Erfolg gehabt. Aufgrund unserer Tests wurden bestimmte Produkte vom Markt genommen. Ein Anfang – nicht mehr, aber auch nicht weniger.

Werner Boote, Wien, im Januar 2010

Anhang

Biokunststoff | Als Biokunststoff oder auch Bioplastik werden nach derzeitiger Definition des Umweltbundesamts → Kunststoffe bezeichnet, die »biobasiert« und/ oder »biologisch abbaubar« sind. Biobasiert steht dabei für Kunststoffe, die teilweise oder vollständig auf Grundlage von nachwachsenden Rohstoffen erzeugt werden. Neben Zellulose und Zucker wird vor allem Stärke aus Mais, Weizen und Kartoffeln nutzbar gemacht. Die daraus gewonnenen Erzeugnisse sind nicht zwingend biologisch abbaubar. Bioabbaubarkeit bedeutet nach den Richtlinien der Kompostierbarkeit von Kunststoffen (DIN EN 13432), dass 90 Prozent der organischen Inhaltsstoffe eines Materials sich unter bestimmten Temperatur-, Sauerstoff- und Feuchtebedingungen in Anwesenheit von Mikroorganismen oder Pilzen in wässriger Lösung in sechs Monaten zu Wasser, Kohlendioxid und Biomasse abgebaut haben müssen. Siehe auch → S. 180.

Bisphenol A | Eine der am häufigsten eingesetzten Industriechemikalien, abgekürzt mit BPA. Bisphenol A wird als Hauptbestandteil bei der Herstellung von → Polycarbonaten und → Epoxidharzen verwendet. Das A steht für Aceton, welches der Ausgangsstoff für diese chemische Verbindung ist. Sie gelangt bei der Produktion in die Umwelt und wird auch danach noch aus Kunststoffen freigesetzt; BPA wurde unter anderem in der Luft, im Meerwasser und im menschlichen Blut nachgewiesen. Von verschiedenen Wissenschaftlern wird Bisphenol A verdächtigt, sich auch in geringen Konzentrationen störend auf das Hormonsystem auszuwirken. Studien weisen darauf hin, dass der Stoff im Zusammenhang steht mit verfrühter Geschlechtsreife bei Mädchen, Übergewicht, Diabetes Typ 2 (früher als Altersdiabetes bezeichnet), einer Zunahme an Prostata- und Brustkrebsfällen sowie der Abnahme der Spermienzahl und Fehlbildungen der Sexualorgane. Auch Herz-Kreislauf-Erkrankungen und Störungen in der Gehirnentwicklung werden damit in Verbindung gebracht.

Downcycling | Form der Wiederverwertung, bei der jeder Wiederverwertungsdurchgang eine Qualitätsminderung der Ausgangsstoffe mit sich bringt. Anders als Glas, das sortenrein gesammelt und somit qualitativ gleichwertig recycelt werden kann, verlieren Plastikartikel beim Recycling in der Regel an Wertigkeit, da zu unterschiedliche Stoffzusammensetzungen bis hin zu → Verbundstoffen dabei vermischt werden. Dazu zählen z.B. die Verschmelzung nur ähnlicher Kunststoffe zu Parkbänken und Zaunpfählen sowie die Verwendung von Plastikresten als Verfüllmaterial im Tief- und Straßenbau.

Duroplast | Gruppe von Kunststoffen, die in einem Härtungsprozess nach einer thermischen oder chemischen Vernetzungsreaktion entstehen, also aus einer Schmelze oder einer Lösung der Komponenten. Auch in erhitztem Zustand verformen sich ausgehärtete Duroplaste nicht, sie sind meist hart und spröde. Bakelit, → Polyester, → Polyurethanharze für Lacke und Oberflächenbeschichtungen und praktisch alle Kunstharze wie beispielsweise → Epoxide zählen zu den Duroplasten. Duroplaste gelten als relativ gut recycelbar, da sie frei von Schwermetallen und halogenhaltigen Flammschutzmitteln sind.

Elastomere | Formfeste, aber elastisch verformbare Kunststoffe, die sich bei Zug- und Druckbelastung elastisch verformen können und danach wieder in ihre ursprüngliche, unverformte Gestalt zurückfinden. Elastomere finden Verwendung als Material für Reifen, Gummibänder, Dichtungsringe usw. Kautschuk ist ein Elastomer; bekannt ist außerdem Elastan: eine extrem dehnbare Kunstfaser, auch Spandex genannt, die um die dreifache ursprüngliche Länge gedehnt werden kann. Anderen Fasertypen in unterschiedlichen Prozentanteilen beigemischt, verleiht sie auch Textilien mehr Elastizität.

Epoxidharz | Sehr reaktionsfähige chemische Verbindung, die in Reaktion mit einem geeigneten Härter einen äußerst beständigen duroplastischen Kunststoff ergibt – wie zum Beispiel im Fall von Zweikomponentenkleber. Epoxidharze werden auch als Gießharze (Elektroindustrie), als Oberflächenbeschichtungen und (Nagel-)Lacke verwendet. Epoxidharz hat ein hohes allergenes Potenzial und gilt als nicht recyclingfähig, → Bisphenol A ist in der Regel Bestandteil davon. Je nach → Phenolgehalt des Stoffes ist der direkte Hautkontakt als weitaus schädlicher anzusehen als eine Aufnahme über die Atemwege.

Formaldehyd | Andere Bezeichnung für die giftige chemische Verbindung Methanal. Der farblose, stechend riechende Stoff liegt bei Zimmertemperatur gasförmig vor. Kann Allergien, Haut-, Atemwegs- oder Augenreizungen verursachen. In Säugetierzellen kommt Formaldehyd als Zwischenprodukt vor. Früchte wie Äpfel oder Weintrauben sowie Holz enthalten ebenfalls natürlicherweise Formaldehyd. Akute Lebensgefahr (toxisches Lungenödem, Pneumonie) besteht ab einer Raumluftkonzentration von 30 ml/m^3. Die meisten Vergiftungen sind allerdings nicht durch den direkten Kontakt mit Formaldehyd eingetreten, sondern durch das Trinken von Methanol in minderwertigen Alkoholgetränken. 2004 stufte die Internationale Agentur für Krebsforschung (IARC) der Weltgesundheitsorganisation WHO die Substanz Formaldehyd als »krebserregend für den Menschen« ein. Zusammen mit → Phenol kondensiert Formaldehyd zu einem Phenolharz, zum Beispiel Bakelit.

inert | *Lat. träge, unbeteiligt.* In der Chemie bezeichnet man Substanzen als inert, wenn diese unter den jeweilig gegebenen Bedingungen mit potenziellen Reaktionspartnern (auch Luft oder Wasser) nicht oder nur in verschwindend geringem Maß reagieren. Unter anderem Edelgase und viele Edelmetalle gehören unter Normalbedingungen zu den chemisch inerten Stoffen.

Kautschuk | Kunststoff aus der Gruppe der → Elastomere, man unterscheidet Naturkautschuk und synthetischen Kautschuk. Naturkautschuk bezeichnet sowohl einen Bestandteil des auch Latex genannten Milchsaftes des Kautschukbaumes als auch das Produkt, das seit Mitte des 19. Jahrhunderts daraus hergestellt wird: Damals versetzte Charles Nelson Goodyear den Stoff mit Schwefel und erzeugte daraus über den Prozess der → Vulkanisation Gummi. Bei synthetischen Kautschuken wird der natürliche Latexbestandteil durch chemische Rohstoffe ersetzt. Der größte Anteil des synthetischen Kautschuks geht in die Produktion von Autoreifen. Kautschuk wird außerdem verwendet für Teppichböden, Dichtungen sowie getauchte Artikel wie Luftballons, Kondome oder dünne Handschuhe. In aufgeschäumter Form wird Kautschuk für Matratzen und Schwämme verwendet.

Kennzeichnung | Auf manchen Produkten gibt ein eingeprägtes oder aufgedrucktes Codesystem Aufschluss darüber, um welche Sorte Kunststoff es sich handelt, und ob das Produkt recycelt werden kann. Über die Inhaltsbestandteile sagt die jeweilige Kennzeichnung im Detail nichts aus, und zahlreiche Plastikgegenstände, darunter Verpackungen für Lebensmittel, sind überhaupt nicht gekennzeichnet. Die im Folgenden jeweils mit ihrem Codesymbol genannten Sorten stellen 90 Prozent der weltweit produzierten Kunststoffe (in der Reihenfolge ihrer Häufigkeit):

Kunststoff | Als Kunststoff wird ein Festkörper bezeichnet, der im Verlauf eines gezielt in Gang gesetzten chemischen Prozesses aus natürlichen oder petrochemischen Rohstoffen erzeugt wurde. Alle Kunststoffe sind → Polymere mit einem Anteil aus monomeren organischen Molekülen und enthalten das Element Kohlenstoff. Weitere Bestandteile sind unter anderem die Elemente Wasserstoff, Sauerstoff, Stickstoff sowie Schwefel. Hinzu kommen diverse Additive (Weichmacher, Stabilisatoren, Farbmittel, Füllstoffe, Verstärkungsmittel, Flammschutzmittel, Antistatikmittel), die im Verarbeitungsprozess beigemischt werden, um die Eigenschaft des Materials an den jeweiligen Verwendungszweck anzupassen. Man unterscheidet je nach Art des Herstellungsprozesses → Duroplaste, → Thermoplaste und → Elastomere sowie Polymere mit besonderen Eigenschaften für Spezialanwendungen. Kunststoffe werden zu Formteilen, Fasern, Folien, Beschichtungen u.v.m. verarbeitet. Der Rohstoff für synthetische Kunststoffe ist meist gecracktes → Naphtha. Halbsynthetische Kunststoffe entstehen durch die Modifikation natürlicher Polymere (z.B. Zellulose zu Celluloid) oder die Fermentation von Zucker oder Stärke.

Makromoleküle | Bezeichnung für Moleküle, die aus vielen gleichen oder unterschiedlichen, sich wiederholenden Bausteinen (Atome oder Atomgruppen) bestehen. Nukleinsäuren wie DNA und RNA, Proteine wie Enzyme, Kohlenhydrate wie Zellulose sind Beispiele für natürliche Makromoleküle. → Polymere sind synthetische Makromoleküle. Sind die Molekülketten in einer chemischen Verbindung parallel angeordnet, spricht man von einer kristallinen Verbindung; diese ist stabiler als eine sogenannte amorphe Verbindung, bei der die Ketten verknäult liegen.

Naphtha | Anderer Name für Rohbenzin, das unbehandelte Erdöldestillat aus der Raffination von Erdöl. Naphtha ist das für die Kunststofferzeugung am häufigsten verwendete Ausgangsprodukt. In einem thermischen Spaltprozess, der »Cracken« genannt wird, wird das Benzin in Ethylen, Propylen, Butylen und andere Kohlenwasserstoffverbindungen auseinander»gebrochen«, die im Verlauf chemischer Reaktionen zu neuen, netz- oder kettenförmigen Molekülverbindungen angeordnet werden können.

Pellet | (*engl. pellet = Bällchen, Kügelchen*) Kleiner Körper aus verdichtetem Material in Kugel- oder Zylinderform. Meist wird der Begriff im Plural verwendet, da Pellets im Allgemeinen nicht einzeln verwendet werden, sondern als Schüttgut. Plastikpellets dienen als Rohmaterial für die Kunststoffherstellung.

Phenol | Einer der Hauptbestandteile bei der Synthese von Kunstharzen (z.B. Bakelit). 1865 zuerst als Antiseptikum bei der Wunddesinfektion eingesetzt; wegen seiner hautirritierenden Nebenwirkung in der Chirurgie aber bald durch andere Antiseptika ersetzt. Wegen seiner Bakterien abtötenden Wirkung wird es noch heute – wenngleich seltener – als Desinfektionsmittel eingesetzt und dient als Ausgangsstoff zur Herstellung von Medikamenten, u.a. von Acetylsalicylsäure. Phenol kann zu Verätzungen führen und ist ein Nerven-/Zellgift.

Phthalate | Ester der Phthalsäure. Der überwiegende Teil der industriell in großen Mengen erzeugten Phthalate wird in Anteilen von 10 bis 40 Prozent als → Weichmacher für Kunststoffe verwendet. Der Name Phthalat kommt von → Naphtha. Die fünf am häufigsten eingesetzten Phthalate sind DIDP, DINP, DEHP, DBP und BBP. Im Tierversuch haben sich Phthalate, vor allem das DEHP (Diethylhexylphthalat) als krebserregend, entwicklungstoxisch und reproduktionstoxisch erwiesen. Die Mitgliedsstaaten der EU haben die Phthalate DEHP, DBP und BBP als fortpflanzungsgefährdend eingestuft; für Babyartikel und Kinderspielzeug erteilte die EU-Kommission mittlerweile ein Anwendungsverbot dieser Substanzen. Weichmacher sind im Kunststoff nicht fest gebunden und können verdampfen, ausgewaschen oder abgerieben werden und finden sich inzwischen fast überall, im Hausstaub, in unserem Blut, in der Muttermilch. Die Phthalate gelangen über die Atmung, z.B. durch ausdampfende PVC-Einrichtungsartikel oder hohe Konzentrationen im Autoinnenraum (»Neuwagengeruch«) in den menschlichen Organismus, aber auch durch Nahrungsmittel, Kosmetika (z.B. Nagellack, Parfums oder Deodorants) oder pharmazeutische Produkte wie beispielsweise Katheter und Schläuche.

Plastik | Umgangssprachlich für → Kunststoffe aller Art. Das Wort stammt aus dem Griechischen und bedeutet ursprünglich die geformte/formende Kunst.

Polyamide | Wird üblicherweise als Bezeichnung für synthetische thermoplastische Kunststoffe verwendet und grenzt diese Stoffklasse damit von den chemisch verwandten Proteinen ab. Polyamide wurden im Jahr 1937 erstmals synthetisiert. Am bekanntesten wurden Polyamide unter den Handelsnamen Nylon und Perlon, deren Fasern in Damenstrümpfen und Sportbekleidung verarbeitet werden. Polyamide eignen sich aufgrund ihrer hervorragenden Festigkeit und Zähigkeit aber auch für hochwertige Kunststoffprodukte wie Getriebeteile, Zahnräder oder Knochenprothesen sowie zur Herstellung von Lacken und Klebstoffen. In Textilien lassen sie sich leicht über die Brennprobe an einem kleinen Materialstück identifizieren: Während Wolle, Baumwolle und andere Naturmaterialien rasch, mit gelblichweißer Flamme und Ascherückstand verbrennen, brennt Polyamid schmelzend mit bläulicher Flamme und bildet braunschwarze Ränder.

Polymer | Aus vielen gleichen Grundbausteinen (Monomereinheiten) aufgebautes Makromolekül. Biopolymere und natürlich vorkommende Polymere (wie z.b. Holz) werden von Menschen schon seit Langem eingesetzt. Der Zellverband Tierhaut/Fell wird durch Gerben polymerisiert, was ihn vor raschem Verwesen schützt und so zu haltbarem Leder macht. Das fossile Harz Bernstein war bekannt als Material für Pfeilspitzen.

Polycarbonat (PC) | Klarer und relativ bruchfester Kunststoff, der bis 145°C temperaturbeständig und gegenüber vielen Säuren und Ölen widerstandsfähig ist. Produkte aus Polycarbonat sind z.b. hitzebeständige Trinkgefäße wie Babyflaschen, mikrowellengeeignetes Geschirr, CDs sowie CD-Hüllen, Sonnenbrillen und Lebensmittelverpackungen. Amerikanischen Untersuchungen zufolge stehen Polycarbonate im Verdacht, bei Erhitzung (z.b. in der Mikrowelle) Zersetzungsprodukte wie → Bisphenol A (BPA) abzusondern. Recyclingcode siehe → Kennzeichnung.

Polymerisation | Prozessschritt in der Kunststoffherstellung: Synthese von monomeren organischen Molekülen zu linearen oder verzweigten Molekülketten.

Polyethylen (PE) | Kunststoff aus der Gruppe der teilkristallinen → Thermoplaste, die sehr gute Isoliereigenschaften haben und sich leicht verarbeiten lassen. Kommerziell wird Polyethylen in großen Mengen seit 1957 eingesetzt, in Rohrleitungssystemen für die Gas- und Wasserversorgung, für Kabelisolierungen sowie in Verpackungsmaterialien: Folien, in die Zigarettenpäckchen, CDs, Papiertaschentücher und Bücher häufig eingeschweißt sind, sind typische PE-Anwendungen. Weitere Beispiele für Polyethyleneinsatz sind: Getränkekästen, Fässer, Schüsseln, Tuben, Plastiktüten. PE ist sehr langlebig und daher nicht natürlich abbaubar. Polyethylen gilt als gesundheitlich unbedenklich. Recyclingcode siehe → Kennzeichnung.

Polyethylenterephthalat (PET) | Durch Polykondensation hergestellter thermoplastischer Kunststoff. PET lässt sich in unterschiedlichsten Bereichen einsetzen, unter anderem zur Herstellung von Kunststoffflaschen (PET-Flasche), Folien und Textilfasern. Die weltweite Produktion liegt bei 40 Millionen Tonnen im Jahr. Aktuelle Studien wecken starke Zweifel an der gesundheitlichen Unbedenklichkeit von PET-Produkten. Die Stiftung Warentest entdeckte bereits im Februar 2002 bei einer Untersuchung von Mineralwässern, dass auch PET-Flaschen Abbau-Produkte in das abgefüllte Getränk abgeben. Recyclingcode siehe → Kennzeichnung.

Polypropylen (PP) | Teilkristalliner → Thermoplast. Unter den Massenkunststoffen ist PP der mit der geringsten Dichte. PP ist ein sehr harter, stoßfester und relativ wärmebeständiger Thermoplast, der härter als Polyethylen ist. Auch in sehr dünner Verarbeitung ist PP relativ stabil, wodurch es möglich ist, es in einfachen Scharnierfunktionen zu verarbeiten. Autoteile, Gartenmöbel, Schuhabsätze, Kunstrasen, Taue und Gefäße, die stark beansprucht werden, sind unter vielen anderen typische Anwendungen für PP. Als Material für Babyfläschchen gilt PP im Vergleich zu → Polycarbonat als weniger bedenklicher Werkstoff. Recyclingcode siehe → Kennzeichnung.

Polystyrol (PS) | → Thermoplast, das sich durch Transparenz und Oberflächenglanz auszeichnet und in allen Farben eingefärbt werden kann. Charakteristische Anwendungen sind Styropor, Gehäuse für elektrische Geräte, Schalter, Spielzeug (Bausteine etc.), Verpackungsfolien und Joghurtbecher. Massives PS ist sehr spröde, schlagempfindlich und neigt zur Spannungsrissbildung. Es ist wenig wärmebeständig und sollte aufgrund beschleunigter Alterung nicht über 55 °C erhitzt werden. Beim Erhitzen können Dämpfe von Styrol oder auch von sehr giftigem Acrylnitril austreten. Recyclingcode siehe → Kennzeichnung.

Polyurethan (PU) | PU kann je nach Herstellung hart und spröde, aber auch weich und elastisch sein. Besonders die Elastomere unter den PU weisen eine vergleichsweise hohe Reißfestigkeit auf. In aufgeschäumter Form ist PU als dauerelastischer Weichschaum (z.B. für Sportschuhsohlen oder Spülschwämme) oder als harter Montageschaum bekannt. Isocyanate, die als Reaktoren bei der Herstellung von PU eingesetzt werden, können Allergien auslösen und stehen im Verdacht, Krebs zu verursachen. Recyclingcode siehe → Kennzeichnung.

Polyvinylchlorid (PVC) | Amorpher, thermoplastischer Kunststoff, der eigentlich hart und spröde ist und erst durch Zugabe von Weichmachern und Stabilisatoren weich, formbar und für technische Anwendungen geeignet wird. Bekannt ist PVC in seiner Anwendung in Fußbodenbelägen, Fensterrahmen, Rohren, als Kabelisolierung und -ummantelung sowie als Material für Getränkeflaschen. Am Beispiel PVC wurde erstmals die Problematik bei der Herstellung und beim Umgang mit einem Kunststoff deutlich, als man erkannte, dass Arbeiter in der PVC-Produktion ein schweres, spezifisches Krankheitsbild zeigten. Der PVC-Bestandteil Vinylchlorid (VC) ist seit den 1960er-Jahren als schwer toxisch, krebserregend und erbgutverändernd eingestuft. Beim Verbrennen von PVC wird Chlorwasserstoff freigesetzt, der ebenfalls toxisch und ätzend wirkt. Aufgrund des hohen Anteils an → Phthalaten ist die Verwendung von Weich-PVC in Lebensmittelverpackungen und Spielzeug äußerst problematisch. Weich-PVC wurde von der EU als Material für Kleinkinderspielzeug im Jahr 1999 verboten. Recyclingcode siehe → Kennzeichnung.

REACH | (Abkürzung für *Registration, Evaluation, Authorisation and Restriction of Chemicals*, dt. *Registrierung, Evaluierung, Zulassung und Einschränkung von Chemikalien*). Die EU-Richtlinie ist am 1. Juni 2007 in Kraft getreten und soll die bisherige Chemikaliengesetzgebung harmonisieren und erneuern. Es ist vorgesehen, dass sie bis 2018 stufenweise umgesetzt wird, mit dem Ziel, den Schutz der menschlichen Gesundheit und der Umwelt zu verbessern. Siehe auch → S. 174

Recycling | Nach allgemeinem Verständnis bedeutet Recycling so viel wie Wiederverwertung oder Rückführung von gebrauchten Materialien in den Stoffkreislauf über die Aufbereitung zu sekundären Rohstoffen. Beim werkstofflichen Recycling werden saubere, sortenreine Kunststoffabfälle mechanisch zu Granulat zerkleinert, danach eingeschmolzen und zu neuen Formen verarbeitet. Dieses Verfahren findet bei Flaschenkästen, PET-Flaschen, Folien Anwendung. Beim rohstofflichen Recycling dagegen werden die Makromoleküle der Kunststoffe chemisch in kurzkettige Moleküle aufgespalten, die Abfälle müssen dafür nicht sortiert werden; der Prozess der Aufspaltung der Produkte für ihre Aufbereitung zu sekundären Rohstoffen ist jedoch aufwendig und dadurch sowohl energieintensiv als auch teuer. Bei der thermischen (oder energetischen) Verwertung werden Kunststoffabfälle verbrannt und die dabei entstehende Wärmeenergie genutzt – eine kostengünstige Verwertung, bei der aber giftige Rückstände entstehen können.Nicht alle Kunststoffprodukte sind wirklich recyclingfähig. Auch Plastikverpackungen, für die ein Verpackungsrücknahmegesetz gilt und die – in Deutschland z.B. im »gelben Sack« – getrennt vom normalen Hausmüll gesammelt werden, werden nur zu etwa 50 Prozent wiederverwertet. Der Begriff ist nicht gesetzlich definiert; weder im deutschen Kreislaufwirtschafts- und Abfallgesetz noch in der deutschen Verpackungsverordnung kommt das Wort vor.

Thermoplaste | Gruppe von → Kunststoffen, die aus langen, ganz oder überwiegend linearen Makromolekülen bestehen und sich in einem bestimmten Temperaturbereich leicht formen bzw. umformen lassen. Sind sie einmal erkaltet, behalten sie ihre Form, bis sie erneut erhitzt werden; dies ist beliebig oft wiederholbar, solange das Material nicht überhitzt wird und sich dadurch zersetzt. Thermoplaste können geschweißt werden; typische Verarbeitungsformen sind das Spritzgießen, das Extrudieren sowie verschiedene Blasverfahren. Die Mehrzahl der heute verwendeten Kunststoffe fallen in diese Gruppe; auch Celluloid ist ein Thermoplast.

Verbundwerkstoff | Feste Verbindung von mindestens zwei verschiedenen Materialien, die nach Gebrauch nur aufwendig oder gar nicht voneinander getrennt bzw. zur Wiederverwertung aufbereitet werden können; bei Verpackungen wird eine solche Stoffkombination als Verbundstoff bezeichnet. Typische Beispiele: kunststoffbeschichtete Papiere, Tetrapaks (aus Pappe/Kunststoff bzw. Pappe/Kunststoff/Aluminium), Softdrinkbeutel aus Aluminium/Thermoplastfolie, Konservendosen (Metall/Kunststoff), Kronenkorken und Schraubglasdeckel (Metall/Kunststoff) sowie Mischgewebe aus Naturmaterialien und Synthetik, Stahlbeton, Fiberglas (Glas/Epoxidharz), Spanplatten (Holz/Kunststoff).

Vulkanisierung | Von Charles Goodyear entwickeltes chemisch-technisches Verfahren, bei dem → Kautschuk gegen atmosphärische und chemische Einflüsse sowie gegen mechanische Beanspruchung widerstandsfähig gemacht wird. Die langkettigen Kautschukmoleküle werden durch Schwefelbrücken vernetzt, wodurch die plastischen Eigenschaften des Kautschuks bzw. der Kautschukmischung auf eine andere Stufe gehoben werden. Die Elastizität des entstehenden Gummis ist abhängig von der Anzahl der Schwefelbrücken: Je mehr Schwefelbrücken vorhanden sind, desto härter ist der Gummi. Bei Alterung des Gummis werden die Schwefelbrücken durch Sauerstoffbrücken ersetzt; der Gummi wird brüchig und porös.

Weichmacher | Weichmacher, vor allem → Phthalate werden in verschiedenen Thermoplasten und Duroplasten eingesetzt, z.B. in → Polyvinylchlorid, das ohne Zusatz dieses Additives hart und spröde ist.

Verwendete Literatur

Barthes, Roland: *Mythen des Alltags*, Frankfurt/M. 1964
Baudrillard, Jean: *Agonie des Realen*, Berlin 1978
Baudrillard, Jean: *Das System der Dinge*, Frankfurt/M. 1991
Belting, Isabel: »Als Mutter jung war ... Modehits aus den fünfziger Jahren«, in: *Nylon und Caprisonne*, München 2001, S. 14-20
Braungart, Michael/McDonough, William (Hg.): *Die nächste industrielle Revolution*, Hamburg 2008
Bucquoye, Moniek E.: »›Les Choses‹ von Tupper & Co«, in: *Tupperware Transparent*, Ostfildern-Ruit 2005, S. 9-25
Colborn, Theo/Dumanoski, Dianne/Peterson Myers, John: *Die bedrohte Zukunft*, München 1996
Cornwell, John: *Forschen für den Führer*, Bergisch Gladbach 2004
Finkelstein, Norman H.: *Plastics*, Tarrytown, New York 2008
David Gargill, »The General Electric Superfraud«, in: *Harper's Magazine*, Vol. 319, No. 1915, New York 2009, S. 41-51
Heimlich, Siegfried: *Porträts in Plastik*, Darmstadt 1988
Hermes, Matthew E.: *Enough for one lifetime: Wallace Carothers, inventor of nylon*, Washington D.C. 1996
Meikle, Jeffrey L.: *American Plastic*, New Brunswick 1997
Pynchon, Thomas: *Die Enden der Parabel*, Reinbek bei Hamburg 1981
Russo, Manfred: *Tupperware & Nadelstreif*, Wien/Köln/Weimar 2000
Saviano, Roberto: *Gomorrha*, München 2009
Scholliers, Peter: »Kulturgeschichte und das gesellschaftliche Leben von Gegenständen«, in: *Tupperware Transparent*, Ostfildern-Ruit 2005, S. 65-81
Thomas, Henry/Thomas, Dana Lee: *Living Adventures in Science*, New York 1954
Tschimmel, Udo: *Die Zehntausend-Dollar-Idee*, Wien/New York 1989

Bildnachweis

Cover und Seiten 81, 84-85, 92-93, 96-97, 100-103, 106-107, 112 © Thomas Kirschner (thomaskirschner.com) | Alle anderen Bilder sind Stills aus dem Film *Plastic Planet* © Neue Sentimental Film.

Mehr Infos zum Film *Plastic Planet* unter www.plastic-planet.de

---

Ebenfalls bei orange●press

Viele Produkte halten nicht so lange, wie sie eigentlich könnten. So ist die Wegwerfgesellschaft entstanden – wir schmeißen weg und kaufen neu. Jürgen Reuß und Cosima Dannoritzer erklären das System, das dahinter steckt.

Jürgen Reuß und Cosima Dannoritzer:
Kaufen für die Müllhalde
Das Prinzip der geplanten Obsoleszenz
224 Seiten | Klappenbroschur
ISBN 978-3-936086-66-9

Sie haben zusammen mit diesem Buch die Möglichkeit erworben, es ohne zusätzliche Kosten als E-Book zu lesen. Schreiben Sie uns dazu eine Mail an info@orange-press.com